Dieter Grillmayer

Wahrscheinlichkeit und Statistik

Dieter Grillmayer

Wahrscheinlichkeit und Statistik

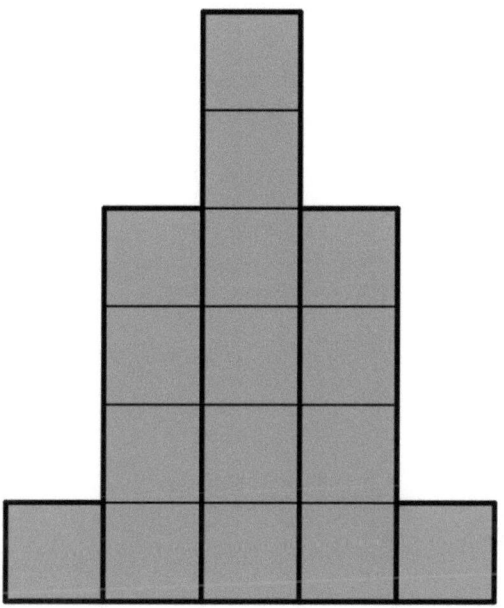

BoD – Books on Demand, Norderstedt

Bibliographische Information der Deutschen Bibliothek:
Die Deutsche Bibliothek verzeichnet diese Publikation in der
Deutschen Nationalbibliographie;
detaillierte bibliographische Daten sind im Internet über
http://dnb.ddb.de abrufbar

ISBN: 9783755768029

Herstellung und Verlag:
BoD -Books on Demand, Norderstedt

Inhaltsverzeichnis

Abkürzungen und Symbole

arithm.	arithmetisch(er/e/es)
d. h.	das heißt
franz.	französisch(er/e/es)
i. A.	im Allgemeinen
m. E.	meines Erachtens
österr.	österreichisch(er/e/es)
s. u.	siehe unten
z. B.	zum Beispiel

$p = P(E)$	Wahrscheinlichkeit für das Eintreten des Ereignisses E
$\neg E$	Gegenereignis
G	Grundgesamtheit
S	Stichprobe, Stichprobenraum
m/μ	Mittelwert/Erwartungswert
z	Median (Zentralwert)
q	Quartil
s/σ	empirische Standardabweichung/Standardabweichung
s^2/σ^2	empirische Varianz/Varianz
H/h	absolute/relative Häufigkeit
$\varphi(z)$	Dichtefunktion Standardnormalverteilung
$\Phi(z)$	Verteilungsfunktion Standardnormalverteilung
γ	Schätz-Genauigkeit
Ω	Ergebnismenge
Σ	Ereignisraum

Die Liste enthält nur die im Zusammenhang mit Statistik und Wahrscheinlichkeit gebräuchlichen Symbole. Mengensymbole und Erklärungen dazu befinden sich auf den letzten zwei Seiten dieser Veröffentlichung.

Vorwort

Seit etwa 50 Jahren sind Wahrscheinlichkeit und Statistik Themen, die aus dem Kernstoffbereich der Oberstufen-Mathematik an den Allgemeinbildenden Höheren Schulen (AHS) in Österreich nicht mehr wegzudenken sind. Und es sind gleichzeitig Themen, zu denen ich bei meiner Mathematik-Ausbildung niemals eine Vorlesung gehört habe. Ich musste mir das diesbezügliche Wissen daher selbst erarbeiten, und das war insofern mühsam, als auch die österreichischen Lehrbücher in den 1970er-Jahren durchaus Zeugnis davon ablegten, dass sich die betreffenden Autoren in einer ähnlichen Lage wie ich befanden.

So habe ich mich diesen Themen auch nur sehr zögerlich angenähert. Zunächst bin ich – gestützt auf ein bundesdeutsches Mathematik-Lehrbuch – über die LAPLACEsche Wahrscheinlichkeit, die Kombinatorik und die beschreibende Statistik nicht hinausgekommen. Erst in den 1980er-Jahren sind dann schrittweise (unter Verwendung des Lehrbuches von BÜRGER-FISCHER-MALLE) Wahrscheinlichkeitsverteilungen dazugekommen, bis eine komplett neue Unterrichtsvorbereitung schließlich in der Normalverteilung gipfelte.

Dieser Lehrgang ist eine aus der Unterrichtserfahrung heraus verbesserte Fassung dieser Vorbereitung, angereichert um Inhalte, die ich selbst erst anlässlich von Lernunterstützung für meine Enkelkinder kennengelernt habe. Der Lehrgang ist m. E. straff auf das Wesentliche beschränkt und folgt der historischen Entwicklung, indem vom intuitiven Wahrscheinlichkeitsbegriff ausgegangen und der Umgang damit vorwiegend anhand von Beispielen plausibilisiert wird. Ich bin der Meinung, dass es für das exakte Mathematisieren genug Stoffgebiete gibt, die sich besser eignen als die ohnhin das abstrakte und logische Denken besonders fordernde Wahrscheinlichkeitsrechnung. Einen Hinweis auf das Axiomensystem von KOLMOGOROV konnte ich mir trotzdem nicht verkneifen.

Zuletzt bitte ich alle Lehrbuchautoren und sonstigen Urheber um Verständnis dafür, dass ich hinsichtlich der konkreten Beispiele in diesem Lehrgang beim besten Willen nicht mehr sagen kann, wo sie herkommen. Etliche habe ich zwar selbst „erfunden", aber der größere Teil stammt wohl aus einschlägigen Büchern oder wurde von mir als Maturavorsitzendem irgendwo „aufgeschnappt". Auch ein paar im Rahmen der seit 2014 in Österreich bestehenden Zentralmatura flächendeckend gestellte Aufgaben haben hier Aufnahme gefunden. Diese sind durch das in der Angabe verwendete Wort „Aufgabenstellung" gekennzeichnet.

Wie schon bei meinen früheren Mathematik-Arbeiten war mir auch bei dieser mein lieber Fach- und langjähriger Lehrerkollege am BRG Steyr, Herr OStR. Mag. Willi Nowak, als Ratgeber und Korrekturleser eine große Hilfe und danke ich ihm dafür recht herzlich.

Dieter Grillmayer

Einführung in die Wahrscheinlichkeitsrechnung

Das Eintreten eines *Ereignisses* beurteilt man umgangssprachlich als mehr oder weniger wahrscheinlich, wenn darüber keine absolute Sicherheit besteht. Die Mathematiker bringen den Grad der *Wahrscheinlichkeit* (engl. probability) des Eintritts eines Ereignisses E durch eine Zahl $p = P(E)$ mit $0 \leq p \leq 1$ bzw. durch eine Prozentangabe $0\% \leq 100p\% \leq 100\%$ zum Ausdruck. In der Folge bedeutet $P(E) = 0$, dass das Ereignis E unmöglich eintreten kann, und $P(E) = 1$ zeigt an, dass das Ereignis E ganz sicher eintritt. In diesen Fällen sprechen wir von einem *unmöglichen* bzw. von einem *sicheren Ereignis*. Die Wahrscheinlichkeit, dass das Ereignis E nicht eintritt, wird als *Gegenwahrscheinlichkeit* bezeichnet und mit $P(\neg E)$ symbolisiert. Dabei kann mit $\neg E$ sowohl die einzige Alternative, das *Gegenereignis*, aber auch die Summe aller anderen Möglichkeiten gemeint sein, und es gilt

$$P(\neg E) = 1 - P(E)$$

1.1 Die LAPLACEsche Wahrscheinlichkeit

Beim Werfen einer Münze empfinden wir das Ergebnis „Kopf/Wappen" oder „Zahl" als gleich wahrscheinlich (je 50 %). Auch beim Roulette sind „rot/rouge" und „schwarz/noir" (oder „klein/manque" und „groß/passe" oder „gerade/pair" und „ungerade/impair") gleich wahrscheinliche Ergebnisse, daneben gibt es aber noch den Fall, dass die Kugel auf „null/zero" fällt. Die Wahrscheinlichkeit, mit „rot" oder „schwarz" zu gewinnen, müsste also etwas geringer sein als 50 %.

Dieser intuitive Wahrscheinlichkeitsbegriff wurde durch die von Pierre Simon de LAPLACE (1749 – 1827) stammende „klassische" Definition von Wahrscheinlichkeit wie folgt präzisiert:

Die Wahrscheinlichkeit eines Ereignisses ist die Anzahl der Fälle, auf die das Ereignis zutrifft (und die in Folge als „günstige" Fälle bezeichnet werden), geteilt durch die Anzahl der überhaupt möglichen Fälle.

Beim Münzwurf sind zwei Fälle möglich, einer davon ist günstig, daher ist die Wahrscheinlichkeit $p = \frac{1}{2} = 0,5$ oder 50 %. Beim Roulette sind 37 Fälle (alle ganzen Zahlen von 0 bis 36) möglich, je 18 sind für „rot" bzw. „schwarz" günstig, also $P(E = „rot") = \frac{18}{37}$ und auch $P(E = „schwarz") = \frac{18}{37} \approx 0,486$ oder rund 48,6 %.

Ein Experiment, bei dem jeder der n möglichen Ausfälle gleich wahrscheinlich mit $p = \frac{1}{n}$ ist, heißt *LAPLACE-Experiment,* das zugehörige „Zufallsgerät" heißt *LAPLACE-Gerät.* Münzwurf und Roulettespiel sind solche Experimente. (Beim Roulette ist $p = \frac{1}{37} \approx 0,027$ oder rund 2,7%.) Weitere LAPLACE-Experimente sind der Wurf eines Spielwürfels mit $p = \frac{1}{6}$, das Ziehen einer bestimmten Karte aus einem kompletten Kartensatz (s. u.), das Ziehen einer Kugel aus einer Urne mit n Kugeln oder der Pfeilwurf auf ein sich drehendes Glücksrad mit n kongruenten Sektoren. Kein LAPLACE-Experiment ist z. B. der Reißnagelwurf mit den Ausfällen „Spitze oben" oder „Spitze nicht oben". Im letztgenannten Fall kann die Wahrscheinlichkeit nur auf experimentellem Weg (Abschnitt 5.2) näherungsweise ermittelt werden.

Ein vollständiges Paket französischer Spielkarten enthält 52 „Blatt", und zwar je zehn Zählkarten und drei Bildkarten („Bube", „Dame", „König") in vier Farben „Herz", „Karo" „Treff" und „Pik", sowie drei „Joker", also zusammen n = 55 Karten. Bei verschiedenen Kartenspielen kommt man aber mit weniger Karten aus oder es kommen Karten dazu, z. B. beim Tarockspiel zu 12 Bildkarten und 16 Zählkarten noch vier „Reiter" und 22 „Tarock".

Beispiel 1: Wie groß ist die Wahrscheinlichkeit, aus einem vollständigen Paket französischer Karten **a)** einen „Joker", **b)** ein „Bild", **c)** ein „Treff", **d)** keinen „König" zu ziehen?

a) $P(E = \text{„Joker"}) = \frac{3}{55} \approx 0{,}055$, also ungefähr 5,5 %.

b) $P(E = \text{„Bild"}) = \frac{12}{55} \approx 0{,}218$, also ungefähr 21,8 %.

c) $P(E = \text{„Treff"}) = \frac{13}{55} \approx 0{,}236$, also ungefähr 23,6 %.

d) $P(E \neq \text{„König"}) = \frac{51}{55} \approx 0{,}927$, also ungefähr 92,7 %.

Beispiel 2: Aus einer Urne mit 7 roten, 5 schwarzen und 4 blauen Kugeln wird eine Kugel gezogen. Es ist die Wahrscheinlichkeit zu berechnen, dass diese Kugel **a)** rot, **b)** nicht schwarz, **c)** grün ist.

a) $P(E = \text{„rot"}) = \frac{7}{16} = 0{,}4375$, also 43,75 %

b) $P(E \neq \text{„schwarz"}) = \frac{11}{16} = 0{,}6875$, also 68,75 %

c) $P(E = \text{„grün"}) = 0$, unmögliches Ereignis

Beispiel 3: Nebenstehende Figur zeigt ein Glücksrad, bei dem die Ereignisse A, B und C mit den Wahrscheinlichkeiten $P(A) = \frac{1}{3} = \frac{120}{360}$, $P(B) = \frac{1}{4} = \frac{90}{360}$ und $P(C) = \frac{1}{5} = \frac{72}{360}$ unabhängig voneinander möglich sind. Wie groß ist die Wahrscheinlichkeit, dass weder das Ereignis A noch B noch C eintritt?

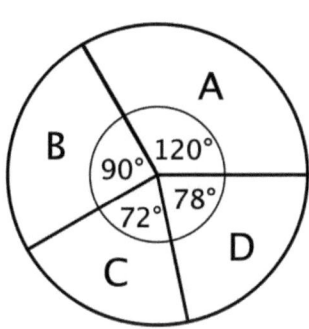

Die Zeichnung belegt $P(D) = \frac{78}{360} = \frac{13}{60} \approx 0{,}217$, das sind rund 21,7 %. Zum gleichen Ergebnis führt auch die Gegenwahrscheinlichkeit $1 - (\frac{1}{3} + \frac{1}{4} + \frac{1}{5}) = 1 - (\frac{20}{60} + \frac{15}{60} + \frac{12}{60}) = 1 - \frac{47}{60} = \frac{13}{60}$.

Vorschläge zum Selbermachen:

1. Beim Würfelwurf sei x die erzielte Augenzahl. Zu berechnen: **a)** $P(x = 6)$, d. h. es fällt eine Sechs. **b)** $P(x < 3)$, d. h. es fällt eine Zahl, die kleiner als 3 ist. **c)** $P(x = 2 \vee x = 4 \vee x = 6)$, d. h. es fällt eine gerade Zahl. **d)** $P(x = 0)$, d. h. es fällt eine Null. $[\frac{1}{6}; \frac{1}{3}; \frac{1}{2}; 0]$

11

2. Aus einem Spiel mit 32 Karten („Sieben", „Acht", „Neun", „Zehn", „Bube", „Dame", „König", „Ass" in den vier Farben „Herz", „Karo" „Treff" und „Pik") wird eine Karte K gezogen. Zu berechnen: **a)** P(K ist das „Karo-Ass"), **b)** P(K ist eine „Sieben"), **c)** P(K ist ein „Treff"), **d)** P(K ist kein „Herz"), **e)** P(K ist ein „Bild"), **f)** P(K ist eine „Fünf"). $[\frac{1}{32}; \frac{1}{8}; \frac{1}{4}; \frac{3}{4}; \frac{3}{8}; 0]$

3. Wie groß ist die Wahrscheinlichkeit, aus einem Satz Tarockkarten (n = 54) **a)** einen „Reiter", **b)** ein „Tarock" zu ziehen? $[\frac{2}{27}; \frac{11}{27}]$

4. In einer Urne sind Kugeln, die von 1 bis 99 durchnummeriert sind. Eine Kugel wird gezogen und x sei deren Nummer. Zu berechnen: **a)** P(x < 28), **b)** P(x > 44), **c)** P(x ist durch 3 teilbar), **d)** P(x endet auf 0), **e)** P(x ist eine Kubikzahl). $[\frac{3}{11}; \frac{5}{9}; \frac{1}{3}; \frac{1}{11}; \frac{4}{99}]$

5. Ein Glücksrad ist in n gleiche Sektoren mit einem Zentriwinkel von **a)** 4°, **b)** 5°, **c)** 9° geteilt. Wie groß ist die Wahrscheinlichkeit, mit einem Wurfpfeil einen bestimmten Sektor des sich drehenden Rades zu treffen? $[\frac{1}{90}; \frac{1}{72}; \frac{1}{40}]$

6. Es ist ein Glücksrad mit 5 Sektoren zu zeichnen, die mit den Wahrscheinlichkeiten 5%, 12,5%, 20%, 27,5% und 35% ausgestattet sind. [Zentriwinkel 18°, 45°, 72°, 99°, 126°]

1.2 Additions- und Multiplikationsregel

Jeder Ausfall eines bestimmten Experiments wird als ein *Elementarereignis* E bezeichnet, und mehrere Elementarereignisse E_1, E_2 … bestimmen ein *zusammengesetztes Ereignis*. Für die Wahrscheinlichkeit eines zusammengesetzten Ereignisses gilt die folgende *Additionsregel*, sofern E_1, E_2 usw. einander ausschließen, und die folgende *Multiplikationsregel*, sofern E_1, E_2 usw. voneinander unabhängige Elementarereignisse sind.

$P(E_1 \vee E_2) = P(E_1) + P(E_2)$	$P(E_1 \wedge E_2) = P(E_1) \cdot P(E_2)$

Additionsregel in Worten: Die Wahrscheinlichkeit, dass eines von zwei (voneinander unabhängigen) Elementarereignissen E_1, E_2 eintritt, ist die Summe der Einzelwahrscheinlichkeiten. In Folge lässt sich das dann auch auf ein drittes Elementarereignis E_3 usw. anwenden.

Multiplikationsregel in Worten: Die Wahrscheinlichkeit, dass bei einem zusammengesetzten Ereignis sowohl E_1 als auch E_2 zutrifft, ist das Produkt der Einzelwahrscheinlichkeiten, und in Folge lässt sich das dann auch auf ein drittes Elementarereignis E_3 usw. anwenden.

Voneinander unabhängige Ereignisse sind etwa, wenn beim Roulette, auf „rot" und „null" gesetzt wird. Die Wahrscheinlichkeit, dass eines der beiden Ereignisse eintritt, beträgt nach der Additionsregel $\frac{18}{37} + \frac{1}{37} = \frac{19}{37} = 1 - \frac{18}{37}$, also gleich der Wahrscheinlichkeit, dass die Kugel nicht auf „schwarz" fällt. Nicht einander ausschließen würden z. B. das Ziehen einer bestimmten Farbe, z. B. „Herz", und einer bestimmten Bildkarte, z. B. „Dame", aus einem vollständigen Paket französischer Spielkarten, weil die „Herz-Dame" beide Bedingungen erfüllt. Die Wahrscheinlichkeit, sie zu ziehen, beträgt $\frac{1}{55} \approx 0{,}018$, während sich nach der Multiplikationsregel $\frac{13}{55} \cdot \frac{4}{55} = \frac{52}{3025} \approx 0{,}017$ ergäbe.

Beispiel 1: Eine Urne enthält vier mit den Ziffern 1, 2, 3 und 4 versehene Kugeln. Aus ihr werden hintereinander zwei Kugeln gezogen. Wie groß ist die Wahrscheinlichkeit, dass die Nummer der erstgezogenen Kugel durch die Nummer der zweitgezogenen teilbar ist?

Die Wahrscheinlichkeit, im ersten Zug 1, 2, 3 oder 4 zu erhalten, beträgt jeweils $\frac{1}{4}$. Im Fall 1 leistet die Zweitziehung keinen Beitrag, weil 1 durch keine der Zahlen 2, 3, 4 teilbar ist. Im Fall 2 und 3 ist hinsichtlich der Zweitziehung nur 1 günstig, wofür die Wahrscheinlichkeit $\frac{1}{3}$ beträgt, im Fall 4 hingegen sowohl 1 als auch 2, die zugehörige Wahrscheinlichkeit beträgt daher $\frac{2}{3}$. Die gesuchte Gesamtwahrscheinlichkeit ist somit die Summe (Additionsregel) aus drei Produkten (Multiplikationsregel), und zwar $\frac{1}{4} \cdot \frac{1}{3} + \frac{1}{4} \cdot \frac{1}{3} + \frac{1}{4} \cdot \frac{2}{3} = \frac{4}{12} = \frac{1}{3}$. Als

Kontrolle kann das Berechnen der Gegenwahrscheinlichkeit dienen:
$$\frac{1}{4} \cdot \frac{3}{3} + \frac{1}{4} \cdot \frac{2}{3} + \frac{1}{4} \cdot \frac{2}{3} + \frac{1}{4} \cdot \frac{1}{3} = \frac{8}{12} = \frac{2}{3}.$$

Dieses Beispiel belegt den Fall eines Ziehens aus einer Urne „ohne Zurückliegen". Würde die zuerst gezogene Kugel aber vor dem zweiten Zugriff in die Urne zurückgelegt, so erhielten wir für diese Ziehung „mit Zurücklegen" ein anderes Ergebnis.

Beispiel 2: Wie groß ist die Wahrscheinlichkeit, beim Würfeln mit zwei Würfeln **a)** eine „Doppelsechs", **b)** dieselben zwei Zahlen (einen „Pasch") zu bekommen?

a) Multiplikationsregel: $\frac{1}{6} \cdot \frac{1}{6} = \frac{1}{36} \approx 0{,}028$. **b)** Multiplikations- und Additionsregel: $\frac{1}{36} \cdot 6 = \frac{1}{6} \approx 0{,}167$. Eine Überprüfung dieser Ergebnisse erfolgt in Beispiel 2.3.3 (Variationen).

Beispiel 3: Wie groß ist die Wahrscheinlichkeit, dass beim 24-maligen Würfeln mit zwei Würfeln mindestens eine „Doppelsechs" kommt?

„Mindestens" (oder „höchstens") in einer Angabe zur Wahrscheinlichkeitsrechnung deutet darauf hin, dass hier allenfalls besser mit der Gegenwahrscheinlichkeit zu arbeiten ist, also in diesem Fall, dass 24-mal hintereinander keine Doppelsechs kommt. Bei <u>einem</u> Wurf beträgt die Wahrscheinlichkeit dafür $p_1 = \frac{35}{36}$, für 24 Würfe nach der Multiplikationsregel daher $p_{24} = \left(\frac{35}{36}\right)^{24}$ und das Ergebnis lautet somit $P(E) = 1 - \left(\frac{35}{36}\right)^{24} \approx 1 - 0{,}5086 \approx 0{,}4914$, also knappe 50 Prozent.

Beispiel 4: Vier Schützen mit den Trefferwahrscheinlichkeiten $\frac{4}{5}, \frac{3}{4}, \frac{2}{3}$ und $\frac{1}{2}$ schießen gleichzeitig auf eine Tontaube. Wie groß ist die Wahrscheinlichkeit, dass diese getroffen wird?

Auch hier erweist es sich als günstig, mit der Gegenwahrscheinlichkeit zu rechnen. Die Wahrscheinlichkeit, dass keiner das Ziel trifft, beträgt $\frac{1}{5} \cdot \frac{1}{4} \cdot \frac{1}{3} \cdot \frac{1}{2} = \frac{1}{120} = 1 - p$, woraus sich $p = \frac{119}{120} \approx 0{,}9917$, also ungefähr 99,2 % ergibt.

14

Vorschläge zum Selbermachen:

1. Wie lautet das Ergebnis von Beispiel 1.2.1 für den Fall, dass die zuerst gezogene Kugel in die Urne zurückgelegt wird? $[\frac{1}{2}]$

2. Urne mit Kugeln, die von 1 bis 99 nummeriert sind. Es wird die Kugel mit der Nummer x gezogen. Zu berechnen: **a)** P[(7 teilt x) ∨ (17 teilt x)], **b)** P[(3 teilt x) ∨ (5 teilt x)] unter Einschluss der „Doppelfälle", weswegen die Additionsregel in diesem Fall nicht anwendbar ist. $[\frac{19}{99} \approx 0,192,; \frac{46}{99} \approx 0,465]$

3. Es wird zweimal gewürfelt. Wie groß ist die Wahrscheinlichkeit für das Ereignis: **a)** Erster Wurf 6 und zweiter Wurf 2. **b)** Erster Wurf gerade Zahl und zweiter Wurf 3? $[\frac{1}{36}; \frac{1}{12}]$

4. Es wird dreimal gewürfelt. Zu berechnen ist die Wahrscheinlichkeit, dass **a)** die Folge 1, 2, 3, **b)** keine 6, **c)** mindestens eine 6, **d)** nur 1 und/oder 2 kommt. $[\frac{1}{216}; \frac{125}{216}; \frac{91}{216}; \frac{1}{27}]$

5. Jemand setzt zweimal hintereinander beim Roulette. Wie groß ist die Wahrscheinlichkeit, dass er beide Male gewinnt, wenn er **a)** das erste Mal auf „rouge", das zweite Mal auf „pair", **b)** das erste Mal auf eine Zahl, das zweite Mal auf „impair", **c)** beide Male auf eine Zahl setzt? $[\frac{324}{1369}; \frac{18}{1369}; \frac{1}{1369}]$

6. Ein Tresor ist mit zwei Sicherungen A und B ausgestattet, die mit den Wahrscheinlichkeiten $p_A = 0,9$ und $p_B = 0,95$ funktionieren. Wie groß ist die Wahrscheinlichkeit, dass **a)** beide gleichzeitig funktionieren, **b)** mindestens eine funktioniert? [85,5 %, 99,5%]

7. In zwei Kartons befinden sich je 100 Lose, davon im ersten Karton 16 und im zweiten 25 Nieten. Der Spieler kann entweder aus jedem Karton ein Los entnehmen oder die Lose beider Kartons zusammenmischen und dann zwei Lose ziehen. In welchem Fall ist seine Chance größer, dass unter den beiden gezogenen Losen mindestens ein Treffer ist? $[p_1 = 0,96, p_2 \approx 0,959]$

8. Bei einem Maturaball werden zwei verschiedene Glücksspiele angeboten: ein Glücksrad und eine Tombola, bei der 1.000 Lose verkauft werden. Das Glücksrad ist in zehn gleich große Sektoren unterteilt, die alle mit der gleichen Wahrscheinlichkeit auftreten können. Man gewinnt, wenn der Zeiger nach Stillstand des Rades auf das Feld der „1" oder der „6" zeigt. Aufgabenstellung: Max hat das Glücksrad einmal gedreht und als Erster ein Los der Tombola gekauft. In beiden Fällen hat er gewonnen. Die Maturazeitung berichtet darüber: „Die Wahrscheinlichkeit für dieses Ereignis beträgt 3 %.". Zu berechnen ist die Anzahl der Gewinn-Lose! [150]

1.3 Mehrstufige Experimente und Baumdiagramme

Jedes zusammengesetzte Ereignis ist das Ergebnis eines *mehrstufigen Experiments*, insbesondere eines *k-stufigen Experiments*, wenn es aus k ∈ **N** Teilvorgängen besteht. Jeder solche Vorgang kann mit einem *Wegdiagramm* veranschaulicht werden, und nach der Multiplikationsregel gilt der Satz: „Die Wahrscheinlichkeit eines Weges ist gleich dem Produkt der Wahrscheinlichkeiten entlang des Weges."

Werden bei einem solchen Experiment alle möglichen Wege erfasst, so bekommt man ein *Baumdiagramm*; alle *Wegwahrscheinlichkeiten* zusammen ergeben (nach der Additionsregel) in Summe die Zahl 1 und stellen die *Wahrscheinlichkeitsverteilung* des Gesamtexperimentes dar. Durch Addition mehrerer Wegwahrscheinlichkeiten sind daraus die Wahrscheinlichkeiten für verschiedene Ausfälle zu gewinnen.

Beispiel 1: In einem Karton befinden sich zwölf Glühbirnen, von denen zwei defekt sind. Ein Kunde nimmt drei Glühbirnen. Für dieses dreistufige Experiment ist ein vollständiges Baumdiagramm zu erstellen und daraus die folgenden Wahrscheinlichkeiten zu berechnen: **a)** Es ist keine Glühbirne defekt. **b)** Es ist eine Glühbirne defekt. **c)** Es sind zwei Glühbirnen defekt. **d)** Es sind alle drei Glühbirnen defekt.

Aus dem Baumdiagramm lassen sich die Lösungen mühelos ablesen:

a) $\frac{6}{11}$ **b)** $3 \cdot \frac{3}{22} = \frac{9}{22}$ **c)** $3 \cdot \frac{1}{66} = \frac{1}{22}$ **d)** 0.　Summe: $\frac{6}{11} + \frac{9}{22} + \frac{1}{22} = 1$

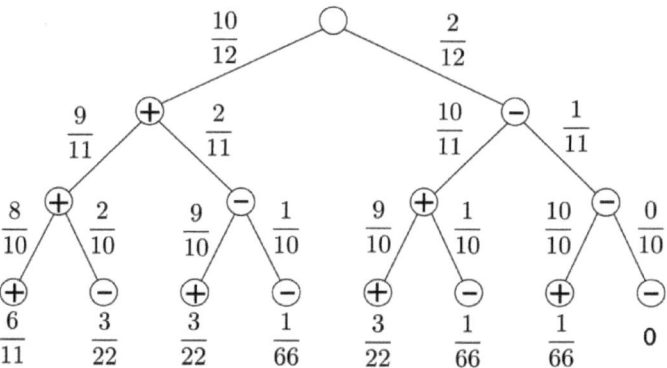

In der Anwendung wird man sich gegebenenfalls nur die dafür relevanten Teile eines Baumdiagramms vergegenwärtigen oder überhaupt nur <u>ein</u> Wegdiagramm verfolgen, wie das in Abschnitt 1.2 ja schon mehrfach geschehen ist. Andererseits bietet ein vollständiges Baumdiagramm eine gute Übersicht und vielfache Kontrollmöglichkeiten. Das gilt insbesondere hinsichtlich der Behandlung von Wahrscheinlichkeitsverteilungen (Abschnitt 4).

Beispiel 2: In einer Urne befinden sich sechs von 1 bis 6 nummerierte Kugeln. **a)** Wie groß ist die Wahrscheinlichkeit, dass diese Kugeln in ihrer natürlichen Reihenfolge gezogen werden? **b)** Wie groß ist die Wahrscheinlichkeit, dass nach drei Ziehungen die Kugeln mit den Nummern 1, 2 und 3 gezogen worden sind?

a) Die Wahrscheinlichkeit P(1), zuerst die Kugel mit der Nr. 1 zu ziehen, beträgt $\frac{1}{6}$ (einer von sechs Fällen ist günstig), die Wahrscheinlichkeit P(2), im zweiten Schritt die Nr. 2 zu ziehen, beträgt $\frac{1}{5}$ usw., sodass also $p = \frac{1}{6} \cdot \frac{1}{5} \cdot \frac{1}{4} \cdot \frac{1}{3} \cdot \frac{1}{2} \cdot \frac{1}{1} = \frac{1}{6!} = \frac{1}{720} \approx 0{,}00139$, also ca. 0,139 % herauskommt. Es handelt sich um einen von 720 gleichwahrscheinlichen Wegen, die dieses sechsstufige Experiment auszeichnen. Eine Überprüfung dieses Ergebnisses erfolgt in Beispiel 2.1.1 (Permutationen).

b) Für die erste Ziehung sind 3 Fälle von 6 Fällen günstig, für die zweite 2 von 5 und für die dritte ein Fall von vier möglichen. Das ergibt somit $p = \frac{3}{6} \cdot \frac{2}{5} \cdot \frac{1}{4} = \frac{1}{20} = 0,05$ bzw. 5 %. Eine Überprüfung dieses Ergebnisses erfolgt in Beispiel 2.2.2 (Kombinationen).

Beispiel 3: Wie groß ist die Wahrscheinlichkeit, beim Pokern mit 20 Karten **a)** einen „Royal Flush", **b)** einen „Poker", **c)** eine „Straße" serviert zu bekommen?

a) „Royal Flush" bedeutet, „Zehn", „Bube", „Dame", „König" und „Ass" in derselben Farbe serviert zu bekommen. Bei vier Farben macht das somit $4 \cdot \frac{5}{20} \cdot \frac{4}{19} \cdot \frac{3}{18} \cdot \frac{2}{17} \cdot \frac{1}{16} \approx 0,000258$.

b) „Poker" bedeutet, das gleiche „Bild" bzw. „Zehn" oder „Ass" in allen vier Farben zu bekommen, die fünfte Karte spielt keine Rolle. Ein „Ass-Poker" ergibt sich danach z. B., wenn zuerst ein „Nicht-Ass" und dann nacheinander die vier „Asse" kommen mit der Wahrscheinlichkeit $\frac{16}{20} \cdot \frac{4}{19} \cdot \frac{3}{18} \cdot \frac{2}{17} \cdot \frac{1}{16} = \frac{4 \cdot 3 \cdot 2}{20 \cdot 19 \cdot 18 \cdot 17} = \frac{1}{19 \cdot 17 \cdot 15}$. Dieselbe Wahrscheinlichkeit hat aber auch jeder der vier anderen Wege, bei denen das „Nicht-Ass" als 2., 3., 4. oder 5. Karte gegeben wird. Da es noch vier andere „Poker" gibt, führen im Baumdiagramm insgesamt $5.5 = 25$ Wege mit der oben berechneten Wahrscheinlichkeit zum gewünschten Ergebnis, dessen Wahrscheinlichkeit daher $\frac{25}{19 \cdot 17 \cdot 15} \approx 0,00516$ beträgt.

c) „Straße" bedeutet, „Zehn", „Bube", „Dame", „König" und „Ass" serviert zu bekommen, aber nicht in derselben Farbe. Für einen Weg, der mit einem „Ass" beginnt, lautet die Wahrscheinlichkeit daher $\frac{4}{20} \cdot \frac{16}{19} \cdot \frac{12}{18} \cdot \frac{8}{17} \cdot \frac{4}{16} = \frac{8 \cdot 4 \cdot 2}{19 \cdot 17 \cdot 15}$, wie auch für jeden der vier anderen Wege, die nicht mit einem „Ass" beginnen. Vom Gesamtergebnis $\frac{320}{19 \cdot 17 \cdot 15} \approx 0,066047$ ist allerdings noch die Wahrscheinlichkeit abzuziehen, dass es sich um einen „Royal Flush" handelt, also P(„Straße") $\approx 0,065789$.

Vorschläge zum Selbermachen:

1. In einer Urne liegen eine rote, eine schwarze und eine weiße Kugel. Alle möglichen Ausfälle des Experiments „Dreimal Ziehen <u>mit</u>

Zurücklegen" sind durch ein Baumdiagramm zu veranschaulichen und daraus die Wahrscheinlichkeit abzuleiten, dass **a)** dreimal dieselbe Farbe gezogen wird, **b)** alle drei Farben gezogen werden. $[\frac{1}{9}; \frac{2}{9}]$

2. In einer Urne sind zwei schwarze und drei weiße Kugeln. Es wird eine Kugel gezogen und wieder zurückgelegt, dann nochmals gezogen. Wie groß ist die Wahrscheinlichkeit, dass **a)** die erste Kugel weiß, die zweite schwarz ist, **b)** beide Kugeln weiß, **c)** beide Kugeln gleichfärbig, **d)** beide Kugeln verschiedenfärbig sind? $[\frac{6}{25}; \frac{9}{25}; \frac{13}{25}; \frac{12}{25}]$

3. Wie Vorschlag 2, aber „ohne Zurücklegen". $[\frac{3}{10}; \frac{3}{10}; \frac{2}{5}; \frac{3}{5}]$

4. Zwei Basketballer A und B werfen je zweimal nach dem Korb. Erfahrungsgemäß trifft A mit der Wahrscheinlichkeit $p_A = 0,6$ und B mit $p_B = 0,7$. Wie groß ist die Wahrscheinlichkeit, dass **a)** A nicht, einmal oder zweimal trifft, **b)** B nicht, einmal oder zweimal trifft, **c)** beide gleich oft treffen? [**a)** 0,16; 0,48; 0,36. **b)** 0,09; 0,42; 0,49. **c)** 0,3904]

5. Unter sechs Schlüsseln sollen jene zwei herausgefunden werden, welche die Haustür sperren. Die Schlüssel werden der Reihe nach getestet und dann beiseite gelegt. **a)** Für die ersten drei Versuche ist ein Baumdiagramm zu zeichnen und darin die Wahrscheinlichkeiten für „passt" (+) und „passt nicht" (–) einzutragen. **b)** Wie groß ist die Wahrscheinlichkeit, dass der zweite passende Schlüssel spätestens beim dritten Versuch gefunden wird? [20%]

6. Eine Gruppe von zehn Personen überquert eine Grenze zwischen zwei Staaten. Zwei Personen führen Schmugglerware mit sich. Beim Grenzübertritt werden drei Personen vom Zoll kontrolliert. Aufgabenstellung: Berechnen Sie die Wahrscheinlichkeit, dass unter den drei kontrollierten Personen die beiden Schmuggler sind. $[\frac{1}{15}]$

7. Ein Verein hat 20 Mitglieder, davon sechs Frauen. Wie groß ist die Wahrscheinlichkeit, dass einer viergliedrigen Abordnung, die durch Los bestimmt wird, **a)** mindestens eine Frau, **b)** genau eine Frau **c)** zwei Frauen, **d)** drei Frauen **e)** höchstens zwei Frauen angehören? Das

Beispiel ist mit Hilfe eines vollständigen Baumdiagramms zu lösen.
$[\frac{7658}{9690} \approx 79,3\%; \frac{728}{1615} \approx 45,1\%; \frac{91}{323} \approx 28,2\%; \frac{56}{969} \approx 5,8\%; \frac{910}{969} \approx 93,9\%]$

8. Beim Lottospiel „Sechs aus Fünfundvierzig" liegen 45 von 1 bis 45 durchnummerierte Kugeln in einer Urne (in Form einer „Trommel") und sechs davon werden (hintereinander) gezogen (bzw. „ausgeworfen"). Wie groß ist die Wahrscheinlichkeit, **a)** alle sechs, **b)** fünf davon richtig zu erraten? [P(6 „Richtige") $= \frac{1}{8145060} \approx 0,000000123$; P(5 „Richtige") $= \frac{234}{8145060} \approx 0,000028729$]

Zur Fragestellung **b)** sind im Internet etliche falsche Lösungen (mit dem Zähler 228 statt 234) zu finden, was mich zunächst verunsichert hat, bis ich dort auf eine wirklich fundierte und ausführliche Arbeit dazu gestoßen bin. Sie stammt von Frau Maria Koth und trägt den Titel „Mathematikaufgaben zu Lotto 6 aus 45". Weitere Erkenntnisse daraus sind in das Beispiel 2.2.3 (Seite 29) eingeflossen. Die genannte Arbeit kann unter dem Link • Koth, Maria. Mathematikaufgaben zum Lotto 6 aus 45. Didaktik Reihe der Österr. Math. Ges. 27, 44-82. ÖMG, Wien (1997) abgerufen werden.

1.4 Historisches

Dem Fischer-Kolleg „Das Abiturwissen Mathematik" (9. Auflage, 1985) habe ich folgenden Hinweis auf die Wurzeln der Wahrscheinlichkeitsrechnung entnommen, auf die Motivlage und die Denkansätze, welche auch diese „Einführung" dominiert haben. Die Querverbindung zur Statistik ist jüngeren Ursprungs und hat den Blickwinkel erweitert. Der erst im 20. Jahrhundert erfolgten Axiomatisierung der Wahrscheinlichkeitslehre wird im Schlusskapitel Tribut gezollt.

Im Jahr 1651 wandte sich der Chevalier de Méré, ein Literat am Hofe Ludwig XIV., an den genialen franz. Philosophen und Mathematiker Blaise PASCAL (1623 – 1662) mit einigen Fragen mathematischen Inhalts. Bei Hofe pflegte man neben anderen Zerstreuungen auch das Würfelspiel, und der Chevalier und seine Mitspieler waren darauf angewiesen, der oft hohen Einsätze wegen ihre Gewinnchancen genau einzuschätzen. So wurden etwa Wetten darüber abgeschlossen, mit vier Würfen eines Würfels mindestens eine „Sechs" zu werfen.

Ein anderes Spiel, auf das damals Wetten abgeschlossen wurden, bestand darin, in 24 Würfen mit jeweils zwei Würfeln mindestens eine „Doppelsechs", also einen Sechserpasch, zu erzielen. Weil hier sechsmal so viele Würfe wie oben zur Verfügung standen, dafür aber unter den sechs Kombinationen einer ersten „Sechs" mit einer zweiten Augenzahl, nämlich (6, 1), (6, 2), (6, 3), (6, 4) (6, 5) und (6, 6), nur die letzte günstig ist, glaubte man, bei diesem Spiel die gleichen Gewinnchancen zu haben wie beim ersten Spiel mit nur einem Würfel.

In der Praxis erwiesen sich die Gewinnchancen für beide Wetten jedoch nicht als völlig gleich. Das veranlasste den Chevalier zu folgender Frage an PASCAL: Was ist wahrscheinlicher: Bei 4 Würfen mit einem Würfel mindestens eine „Sechs" zu werfen oder bei 24 Würfen mit zwei Würfeln eine „Doppelsechs"?

Der Mathematiker beantwortete die Frage ganz exakt zum Vorteil des Vierfach-Wurfes mit einem Würfel, der als Gegenwahrscheinlichkeit zu vier Würfen, bei denen keine „Sechs" auftritt, den Wert $1 - \left(\frac{5}{6}\right)^4 \approx$ 0,5177 ergibt, während für den Doppelpasch nach Beispiel 1.2.3 auf Seite 14 nur ein Wert von ca. 0,4914 herauskommt.

Ist der Chevalier durch seine langjährigen Beobachtungen zu dem gleichen Ergebnis gekommen? Wenn ja, dann hätte er damit das *Gesetz der großen Zahlen* bestätigt gefunden, das allerdings erst etwas später von Jakob BERNOULLI (1655 – 1705) formuliert und bewiesen worden ist, worauf noch mehrmals zurückzukommen sein wird. Jakob war Sproß einer bis in die Gegenwart hinein schöpferisch tätigen Baseler Gelehrtenfamilie und gehört zusammen mit seinem Bruder Johann und seinem Neffen Daniel zu den bedeutendsten Mathematikern der Neuzeit.

Die Normalverteilung und ihre vielfältigen Anwendungsmöglichkeiten sind eng mit dem Namen des deutschen „prinzeps mathematicorum" Carl F. GAUSS (1777 – 1855) verbunden, ehe sich vor allem die russische Mathematiker-Gemeinde des Themas annahm, die möglicherweise auf das langjährige Wirken von Leonhard EULER (1707 – 1783) an der Akademie der Wissenschaften in Sankt Petersburg zurückgeht. Aus ihr ist auch Andrej N. KOLMOGOROV (1903 – 1987) hervorgegangen, der 1933 in seinem Buch „Grundbegriffe der Wahrscheinlichkeitsrechnung" der Fachwelt deren Axiome vorgestellt hat.

Kombinatorik

Unter *Kombinatorik* versteht man jenes Teilgebiet der Mathematik, welches sich mit der Bestimmung der Anzahl möglicher Anordnungen von n in einer Menge M zusammengefassten Objekten oder der Anzahl von Teilmengen mit je k < n Elementen aus M beschäftigt. Allerdings entspricht der Begriff „Menge" in diesem Zusammenhang nicht der „klassischen" mathematischen Definition, weil in M auch völlig gleiche Elemente mehrfach auftreten können.

Zum Thema dieser Schrift liefert die Kombinatorik insofern einen Beitrag, als sich mit ihrer Hilfe auch bei mehrstufigen Experimenten die Anzahl der möglichen und die Anzahl der günstigen Fälle unmittelbar berechnen und die LAPLACEsche Regel daher unmittelbar anwenden lässt. Das ermöglicht auch eine Überprüfung von Rechenergebnissen aus Abschnitt 1 unabhängig von den dort benützen Methoden, insbesondere der Multiplikationsregel, was auch als Beleg für deren generelle Gültigkeit dienen kann.

2.1 Permutationen

Lassen sich n Objekte, die sowohl konkret (z. B. Personen oder Kugeln) als auch abstrakt (z. B. Zahlen oder Buchstaben) sein können, nach irgendeiner Vorschrift anordnen, so bezeichnet man jede solche Anordnung als eine *Permutation* dieser Menge von Objekten. Dabei sind zwei Fälle zu unterscheiden, nämlich ob alle n Objekte voneinander unterscheidbar, also verschieden sind und es sich daher um *Permutationen ohne Wiederholung* handelt, oder ob das nicht der Fall ist und somit *Permutationen mit Wiederholung* vorliegen.

Hinsichtlich der **Permutationen ohne Wiederholung** lässt sich die Anzahl A(n) aller möglichen Anordnungen mit Hilfe der Formel

$$A(n) = 1 \cdot 2 \cdot 3 \cdot \ldots \cdot (n-1) \cdot n = n!$$

berechnen, wobei das Symbol n! als „*n-Fakultät*" oder (besonders in Österreich) als „*n-Faktorielle*" gelesen wird.

Die Gültigkeit dieser Formel für nur ein Objekt versteht sich von selbst, ab n = 2 lässt sie sich am besten „aufbauend" mit Hilfe der aus den ersten zwei, drei, vier usw. bestehenden Mengen natürlicher Zahlen (oder Buchstaben) beweisen:

Die Zahlen 1 und 2 lassen sich auf 2! = 1 · 2 = 2 Arten anordnen, nämlich als 12 und als 21. Bei jeder dieser zwei Anordnungen kann die Zahl 3 vorne, in der Mitte oder hinten dazukommen; das ergibt 312, 132, 123 sowie 321, 231 und 213, also 2!·3 = 3! = 6 verschiedene Anordnungen. Und bei jeder dieser sechs Anordnungen kann die Zahl 4 vorne, an zweiter Stelle, an dritter Stelle oder hinten dazukommen, das ergibt 3!· 4 = 4! = 24 verschiedene Möglichkeiten, die in *lexikographischer Anordnung* – analog zur Wörterabfolge in Lexika – wie folgt lauten: 1234, 1243, 1324, 1342, 1423, 1432; 2134, 2143, 2314, 2341, 2413, 2431; 3124, 3142, 3214, 3241, 3412, 3421; 4123, 4132, 4213, 4231, 4312, 4321.

Beispiel 1: Wie groß ist die Wahrscheinlichkeit, dass die in einer Urne liegenden sechs Kugeln mit den Nummern 1 bis 6 in ihrer „natürlichen" Reihenfolge gezogen werden?

Das Beispiel liefert den ersten Beleg für den bereits genannten Sachverhalt, nämlich für die Anwendbarkeit der Kombinatorik im Rahmen der Wahrscheinlichkeitsrechnung. Von den 6! Möglichkeiten der Anordnung der Zahlen 1, 2, 3, 4, 5 und 6 ist nur eine günstig, nämlich 123456. Daher $p = \frac{1}{6!} = \frac{1}{720} \approx 0{,}00139$.

Hinsichtlich der **Permutationen mit Wiederholung** ist die Ermittlung der Anzahl aller möglichen Anordnungen gedanklich etwas aufwendiger und soll an drei Beispielen erläutert werden, bei denen Frauen und Männer verschiedene Sitzordnungen einnehmen können. Bei einer Frau und zwei Männern gibt es nur die Fälle FMM, MFM und MMF; werden die Männer hingegen getrennt betrachtet, dann verdoppelt sich das Ergebnis auf 3! = 6 Möglichkeiten, indem nämlich aus FMM die Fälle FM_1M_2 und FM_2M_1 usw. werden. Bei zwei Frauen und zwei Männern wird z. B. aus FFMM das Vierfache, nämlich $F_1F_2M_1M_2$, $F_1F_2M_2M_1$, $F_2F_1M_1M_2$ und $F_2F_1M_2M_1$, und bei drei Frauen und zwei Männern aus FFFMM das Zwölffache, nämlich $F_1F_2F_3M_1M_2$, $F_1F_3F_2M_1M_2$ $F_2F_1F_3M_1M_2$, $F_2F_3F_1M_1M_2$, $F_3F_1F_2M_1M_2$, $F_3F_2F_1M_1M_2$ und die sechs Fälle, wo auch die Männer die Plätze tauschen. Im Vergleich zur Anzahl der Möglichkeiten, die sich bei der Indizierung ergeben (3! = 6, 4! = 24, 5! = 120), reduziert sich die Anzahl bei den Permutationen mit Wiederholung also auf die Hälfte, auf ein Viertel bzw. auf ein Zwölftel, was sich ganz allgemein durch die folgende Formel ausdrücken lässt, in der n die Anzahl der Objekte angibt, aus denen die Gesamtmenge besteht, sowie k_1, k_2, …, k_m die verschiedenen Vielfachheiten, in denen die jeweils gleichen Objekte in der Gesamtmenge auftreten:

$$A(n; k_1, k_2, ...k_m) = \frac{n!}{k_1!\cdot k_2!\cdot...\cdot k_m!}$$

Beispiel 2: a) Wieviele verschiedene fünfzifftrige Zahlen lassen sich mit den Ziffern 2,2,5,5 und 7 bilden? **b)** Die wievielte Permutation ist die Zahl 72525 in der lexikographischen Anordnung?

a) Nach der obige Formel ist $A(5; 2, 2) = \frac{5!}{2!\cdot 2!} = \frac{120}{2\cdot 2} = \frac{120}{4} = 30$

b) Hinter einer 2 an der ersten Stelle gibt es $\frac{4!}{2!} = 12$ aus den Zahlen 2, 5, 5 und 7 bestehende Permutationen und hinter einer 5 an der ersten Stelle gibt es ebenfalls $\frac{4!}{2!} = 12$ aus den Zahlen 2, 2, 5 und 7 bestehende Permutationen. Von denen mit 7 an erster Stelle stehenden Permutationen kommt 72525 sofort nach 72255, also ist es die 26. Permutation.

Beispiel 3: In einer Urne sind drei weiße und zwei schwarze Kugeln. Wieviele Reihenfolgen sind bei einer vollständigen Ziehung ohne Zurücklegen möglich und wie lauten sie? Wie groß ist die Wahrscheinlichkeit, dass **a)** die erste gezogene Kugel weiß, die zweite schwarz ist, **b)** die beiden zuerst gezogenen Kugeln weiß sind, **c)** beide Kugeln gleichfärbig, **d)** beide Kugeln verschiedenfärbig sind? Vergleiche die Ergebnisse mit denen von Vorschlag 1.3.3.

$A(5; \ 3, \ 2) \ = \ \frac{5!}{3! \cdot 2!} = \frac{120}{6 \cdot 2} = 10$: WWWSS, WWSWS, WWSSW, WSWWS, WSWSW, WSSWW, SWWWS, SWWSW. SWSWW, SSWWW. **a)** $\frac{3}{10}$ **b)** $\frac{3}{10}$ **c)** $\frac{2}{5}$ **d)** $\frac{3}{5}$

Vorschläge zum Selbermachen:

1. Auf wieviele Arten kann man die Leibchen mit den Nummern 1 bis 11 auf die 11 Spieler einer Fußballmannschaft verteilen, wenn der Tormann die Nummer 1 bekommt? [Auf 3.628.800 Arten.]

2. Auf wieviele Arten können vier Personen P_1, P_2. P_3 und P_4 in einem PKW mit vier Sitzen Platz nehmen, wenn **a)** nur P_1, **b)** P_1 und P_2, **c)** P_1, P_2 und P_3, **d)** jede der vier Personen einen Führerschein besitzt? [6; 12; 18; 24]

3. Gegeben sind die Buchstaben E, I, L, N und S. Die wievielte Permutation in der lexikographischen Anordnung ist **a)** INSEL, **b)** LINSE? [Die 41. bzw. die 58.]

4. Gegeben sind die Buchstaben A, E, L, M und P. Zu bestimmen sind die **a)** 52. Permutation, **b)** die 100. Permutation in der lexikographischen Anordnung. [LAMPE; PALME]

5. In einer Urne liegen drei weiße, zwei rote und eine schwarze Kugel, die nacheinander ohne Zurücklegen gezogen werden. Wie groß ist die Wahrscheinlichkeit, **a)** eine weiße, **b)** eine rote, **c)** die schwarze Kugel als letzte zu ziehen? $[\frac{1}{2}; \ \frac{1}{3}; \ \frac{1}{6}]$

6. Wieviele fünfziffrige Zahlen kann man aus den Ziffern **a)** 2, 2, 3, 3, 4, **b)** 2, 2, 2, 4, 4 bilden? Die wievielte Zahl in der lexikographischen Anordnung ist **a)** 34223, **b)** 24422? [30 bzw. 10, die 22. bzw. die 6.]

7. Ein Schnellzug besteht aus einem Speisewagen, einem Packwagen, zwei Schlafwagen, drei Liegewagen und sieben Wagen mit Sitzplätzen. Auf wieviele Arten kann man diesen Zug zusammenstellen? [Auf 1.441.440 Arten.]

2.2 Kombinationen

Werden aus n <u>verschiedenen</u> Objekten k ≤ n Objekte ausgewählt, so nennt man jede solche Auswahl eine *Kombination* von n Elementen zur Klasse k *ohne Wiederholung*. Liegen etwa n von 1 bis n nummerierte Kugeln in einer Urne, so liefert jede Ziehung von k Kugeln ohne Zurücklegen eine solche Kombination, während eine Ziehung mit Zurücklegen eine *Kombination* von n Elementen zur Klasse k *mit Wiederholung* liefern würde. Auf diesen Fall wird im Folgenden nicht weiter eingegangen.

Die Anzahl von **Kombinationen ohne Wiederholung** entspricht exakt der Anzahl der Permutationen einer Menge von n Elementen, die sich aber nur aus zwei voneinander unterscheidbaren Objekten zusammensetzen. Ist k die Anzahl der einen Kategorie, so ist n − k die Anzahl der anderen, und es gibt (nach der zugehörigen Formel) genau $\frac{n!}{k! \cdot (n-k)!}$ verschiedene Anordnungen.

$$\binom{n}{k} = \frac{n!}{k! \cdot (n-k)!} = \frac{n \cdot (n-1) \cdot \ldots \cdot (n-k+1)}{k!} = \binom{n}{n-k}$$

Diese Formel für die Anzahl von Kombinationen von n Elementen zur Klasse k ist vom *Binomischen Lehrsatz* $(x+y)^n = \binom{n}{0} \cdot x^n \cdot y^0 + \binom{n}{1} \cdot x^{n-1} \cdot y^1 + \binom{n}{2} \cdot x^{n-2} \cdot y^2 + \ldots + \binom{n}{n-1} \cdot x^1 \cdot y^{n-1} + \binom{n}{n} \cdot x^0 \cdot y^n$ her bekannt, das Symbol für die deshalb so genannten *Binomialkoeffizienten* wird als „n über k" gelesen und die Binomialkoeffizienten $\binom{n}{0} = 1$ und $\binom{n}{n} = 1$ verlangen danach, 0! = 1 zu definieren.

Das nebenstehende Zahlenschema wird als *PASCALsches Dreieck* bezeichnet und enthält in seinen sieben Zeilen die Binomialkoeffizienten von n = 0 bis n = 6, wobei ab Zeile 3 die „mittleren" Zahlen immer als Summen der beiden unmittelbar links und rechts darüberstehenden Zahlen berechnet werden können.

```
            1
          1   1
        1   2   1
      1   3   3   1
    1   4   6   4   1
  1   5  10  10   5   1
1   6  15  20  15   6   1
```

Mit Hilfe dieser Regel lässt sich das nach dem bereits einmal erwähnten franz. Mathematiker benannte Dreieck beliebig erweitern, z. B. lautet die achte Zeile (für n = 7) wie folgt: 1 7 21 35 35 21 7 1.

Der Beweis für die Übereinstimmung der Permutationsformel mit der Kombinatorikformel erfolgt anhand eines konkreten Beispiels, nämlich des Beispiels 2.1.3 von Seite 25/26 mit den drei weißen und den zwei schwarzen Kugeln, deren „Platznummern" die entsprechenden Kombinationen zum Ausdruck bringen:

1	W	W	W	W	W	W	S	S	S	S
2	W	W	W	S	S	S	W	W	W	S
3	W	S	S	W	W	S	W	W	S	W
4	S	W	S	W	S	W	W	S	W	W
5	S	S	W	S	W	W	S	W	W	W

In der Tabelle belegt W die folgenden Kombinationen von 5 Elementen zur Klasse 3, und das sind alle möglichen: 123, 124, 125, 134, 135, 145, 234, 235, 245 und 345. Es lassen sich daraus aber auch (mit Hilfe der schwarzen Kugeln) alle Kombinationen von 5 Elementen zur Klasse 2 ablesen: 45, 35, 34, 25, 24, 23, 15, 14, 13 und 12.

Beispiel 1: Wieviele Diagonalen hat ein n-Eck? Die Anzahl der Verbindungen zweier Ecken beträgt $\binom{n}{2}$, darunter sind allerdings auch n Seiten. Die Anzahl der Diagonalen beträgt also $d_n = \binom{n}{2} - n$. Daher besitzt z. B. ein Dreieck noch keine Diagonale, ein Viereck 2, ein Fünfeck 5 und ein Sechseck 9 Diagonalen.

Beispiel 2: In einer Urne befinden sich sechs von 1 bis 6 durchnummerierte Kugeln. Wie groß ist die Wahrscheinlichkeit, dass nach drei Ziehungen die Kugeln mit den Nummern 1, 2 und 3 gezogen worden sind?

Von den $\binom{6}{3} = 20$ verschiedenen Ausfällen des Experiments, drei Kugeln zu ziehen, ist nur einer günstig, daher beträgt die abgefragte Wahrscheinlichkeit nach LAPLACE $p = \frac{1}{20}$, das sind 5 Prozent.

Beispiel 3: Wie groß ist die Wahrscheinlichkeit, beim Lotto „Sechs aus Fünfundvierzig", wie in Vorschlag 1.3.8 beschrieben, **a)** mit <u>einem</u> Tip zu gewinnen? Wie groß ist die Wahrscheinlichkeit, dass nur **b)** fünf, **c)** vier, **d)** drei der gezogenen Zahlen richtig getippt worden sind?

a) Richtig ist nur eine von $\binom{45}{6} = \frac{45!}{6! \cdot 39!} = \frac{45 \cdot 44 \cdot 43 \cdot 42 \cdot 41 \cdot 40}{6!} = \frac{45 \cdot 44 \cdot 43 \cdot 42 \cdot 41 \cdot 40}{1 \cdot 2 \cdot 3 \cdot 4 \cdot 5 \cdot 6} = 8145060$ möglichen Kombinationen, die Wahrscheinlichkeit, sie erraten zu haben, ist nach LAPLACE daher der Kehrwert dieser Zahl, also ungefähr 0,000000123.

b) In der einzigen „richtigen" Sechser-Kombination kann jede der sechs Zahlen durch 39 „falsche" Zahlen ersetzt werden. Es gibt demnach 6.39 günstige Fälle für einen richtigen „Fünfer", daher p = $\frac{234}{8145060} \approx 0{,}000028729$. Zum gleichen Ergebnis führt die Betrachtung als sechsstufiges Experiment mittels Multiplikations- und Additionsregel: $p = \frac{6}{45} \cdot \frac{5}{44} \cdot \frac{4}{43} \cdot \frac{3}{42} \cdot \frac{2}{41} \cdot \frac{39}{40} \cdot \binom{6}{1}$, weil es sechs „Stellen" gibt, an denen eine falsche Kugel gezogen werden kann. Diese Überlegung erlaubt dann auch die Beantwortung der Fragestellungen **c)** und **d)**.

c) $p = \frac{6}{45} \cdot \frac{5}{44} \cdot \frac{4}{43} \cdot \frac{3}{42} \cdot \frac{39}{41} \cdot \frac{38}{40} \cdot \binom{6}{2} = \frac{39 \cdot 38 \cdot 15}{2 \cdot 8145060} = \frac{11115}{8145060} \approx 0{,}001365$.
Der Faktor 15 (= Binomialkoeffizient) im Zähler gibt die Anzahl der „Stellen" an, an denen falsche Zahlen liegen können und der Faktor 2 im Nenner kompensiert das Fehlen dieses Faktors im Zähler bzw. ermöglicht es, auch in diesem Fall im Nenner die Gesamtzahl der möglichen Kombinationen stehen zu lassen. Die Wahrscheinlichkeit, unter den sechs bei der Lottoziehung gezogenen Zahlen vier erraten zu haben, ist damit bereits 11.115-mal so groß wie für sechs „Richtige".

d) $p = \frac{6}{45} \cdot \frac{5}{44} \cdot \frac{4}{43} \cdot \frac{39}{42} \cdot \frac{38}{41} \cdot \frac{37}{40} \cdot \binom{6}{3} = \frac{39 \cdot 38 \cdot 37 \cdot 20}{2 \cdot 3 \cdot 8145060} = \frac{182780}{8145060} \approx 0{,}02244$.
Die Rechnung erfolgt analog zum Fall **c)**. Die Wahrscheinlichkeit für drei „Richtige" beträgt also schon über 2 Prozent.

Vorschläge zum Selbermachen:

1. Auf wieviele Arten kann aus 10 Personen ein Dreierkomitee gebildet werden? [Auf 120 Arten.]

2. Sieben Personen stoßen je zu zweit an. Wie oft klingen die Gläser? [Sie klingen 21-mal.]

3. Löse anhand eines PASCALschen Dreiecks: Alle bei einer Feier Anwesenden stoßen miteinander an, es klirrt 55-mal. Dann bilden sich zwei Gruppen und jeder stößt mit jedem in seiner Gruppe an. Es klirrt 27-mal. Wieviele Leute befinden sich in jeder Gruppe? [4 + 7 = 11]

4. In einem Raum gibt es 12 Lampen. Auf wieviele Arten kann der Raum beleuchtet werden, wenn **a)** drei, **b)** sechs, **c)** neun Lampen brennen? [220; 924; 220]

5. Wieviele Möglichkeiten gibt es, in einer Klasse mit 16 Schülerinnen und 10 Schülern eine Abordnung von drei Schülern zu wählen, die mindestens einen Knaben enthält? [2600 − 560 = 2040]

6. Aus einer Urne mit zehn von 1 bis 10 durchnummerierten Kugeln werden vier Kugeln ohne Zurücklegen gezogen. Wie groß ist die Wahrscheinlichkeit, dass **a)** die Nummern von 1 bis 4 **b)** nicht die Nummern 9 und 10 gezogen werden? [$\frac{1}{210}$; $\frac{1}{3}$]

7. Wie groß ist die Wahrscheinlichkeit, beim Pokern (siehe Beispiel 1.3.3) **a)** einen „Royal Flush", **b)** einen „Poker" zu bekommen? [0,000258; 0,00516]

8. In Vorschlag 1.3.6 geht es darum, unter zehn Grenzgängern, von denen drei kontrolliert werden, die zwei Schmuggler herauszufinden. Die Lösung kann mit Hilfe von Kombinationen überprüft werden.

2.3 Variationen

Soll es bei einer Auswahl von k Elementen aus n Elementen auch auf die Anordnung ankommen, dann handelt es sich um *Variationen* von n Elementen zur Klasse k *ohne* oder *mit Wiederholung,* analog zu den Permutationen und Kombinationen.

Für die Anzahl $(n)_k$ der **Variationen ohne Wiederholung** von n (verschiedenen) Objekten zur Klasse k gilt die Formel

$$(n)_k = \frac{n!}{(n-k)!} = n \cdot (n-1) \cdot (n-2) \cdot \ldots \cdot (n-k+1)$$

Sie ergibt sich ganz einfach aus dem Binomialkoeffizienten $\binom{n}{k}$ für die Anzahl der Kombinationen ohne Wiederholung durch das Kürzen von k!, weil jede dieser Kombinationen genau k!-mal permutiert werden kann.

Noch einfacher zu ermitteln ist die Anzahl der **Variationen mit Wiederholung** und verlangt diese auch nach keinem eigenen Symbol dafür, weil es sich immer um die

$$\text{Potenz } n^k$$

handelt. Denn n (verschiedene) Elemente zur Klasse 1 bilden n Variationen, dazu kommen je n Möglichkeiten für das zweite Element, also gibt es n^2 Variationen zur Klasse 2 und allgemein daher n^k Variationen mit Wiederholung zur Klasse k. Unmittelbar einsichtig ist diese „Potenzregel", wenn es um die Frage geht, wieviele einziffrige, zweiziffrige, dreiziffrige, vierziffrige usw. nichtnegative ganze Zahlen aus den zehn Ziffern von 0 bis 9 gebildet werden können.

Beispiel 1: Berechne, wie viele Fahnen aus den Farben weiß, grün, blau, rot und schwarz zusammengestellt werden können, wenn eine Fahne aus Längsstreifen in drei verschiedenen Farben zusammengesetzt ist und es auf die Reihenfolge ankommt.

Es handelt sich um Variationen ohne Wiederholung von fünf Elementen zur Klasse drei, daher gibt es $(5)_3 = 5 \cdot 4 \cdot 3 = 60$ Möglichkeiten.

Beispiel 2: Beim Sporttoto ist bei jedem von zwölf Spielen das Ergebnis 1, 2 oder X zu tippen. Wieviele verschiedene Tipps sind möglich?

Das sind alle Variationen von 3 Elementen zur Klasse 12, also $3^{12} =$ 531.441. Die Wahrscheinlichkeit, bei einem willkürlichen Ausfüllen der Wettscheines einen „Zwölfer" zu erreichen, beträgt nach LA-PLACE daher $3^{-12} \approx 0,0000019$. Allerdings sind aufgrund der verschiedenen Spielstärken der beteiligten Mannschaften und des

„Heimvorteils" nicht alle Variationen gleichwahrscheinlich. Ein in praktischer Hinsicht besseres Sporttoto-Beispiel stellt der nachfolgende Vorschlag 2.3.4 dar.

Beispiel 3: Das Würfeln mit zwei Würfeln liefert $6^2 = 36$ verschiedene Ergebnisse. Eines davon ist eine „Doppelsechs" mit der Wahrscheinlichkeit $\frac{1}{36}$, und sechs davon, nämlich die Variationen 11, 22, 33, 44. 55 und 66 liefern einen „Pasch", die Wahrscheinlichkeit dafür beträgt daher $\frac{6}{36} = \frac{1}{6}$. Auch die Wahrscheinlichkeit für eine bestimmte Punktesumme kann so berechnet werden; z. B. für die Punktesumme 5 beträgt sie $\frac{4}{36} = \frac{1}{9}$, weil es mit 14, 23, 32 und 41 vier Variationen mit dieser Punktesumme gibt.

Vorschläge zum Selbermachen:

1. Mit welcher Wahrscheinlichkeit besteht der richtige Code eines vierziffrigen Fahrrad-Nummernschlosses aus lauter verschiedenen Ziffern? [0,504 = 50,4 %]

2. Wieviele vierziffrige (positive ganze) Zahlen kann man mit den Ziffern 1, 2, 3 bilden? [81]

3. Man kann mit jedem Arm durch Hochstrecken, Tiefstrecken und Horizontalstrecken drei Zeichen machen. Wieviele Zeichen kann man mit zwei Armen signalisieren? [9 Zeichen]

4. Wieviele Tippreihen sind beim Sporttoto auszufüllen, wenn für sechs bestimmte Spiele „Banken" gesetzt werden, um mit Sicherheit einen „Zwölfer" zu haben? Hinweis: „Bank" bedeutet, dass für das betreffende Spiel stets dasselbe Symbol eingesetzt wird. [729]

5. Wieviele dreiziffrige (positive ganze) Zahlen lassen sich aus den ungeraden Ziffern bilden **a)** insgesamt, **b)** wenn jede Ziffer nur einmal vorkommen soll? [125; 60]

6. Aus acht Bewerbern soll eine Laufstaffel (vier Läufer) aufgestellt werden, wobei der Schlussläufer schon feststeht. Wieviele Aufstellungen sind möglich? [210]

Abschnitt 3:

Grundbegriffe der Statistik

Nach dem „Großen Brockhaus" leitet sich der Begriff *Statistik* (erstaunlicherweise) vom lat. statista „Staatsmann" ab, während der Statist von lat. stare „stehen" herkommt. Im materiellen Sinn bezeichnet Statistik eine geordnete Menge von Informationen in Form empirischer Zahlen, im instrumentalen Sinn hingegen (1) die Summe aller Verfahren, nach denen empirische Zahlen gewonnen, dargestellt, verarbeitet und analysiert sowie (2) für Schlussfolgerungen, Prognosen und Entscheidungen verwendet werden können. (1) bildet den Inhalt der *beschreibenden Statistik*, die in diesem Abschnitt im Vordergrund steht, während (2) das Aufgabengebiet der *beurteilenden Statistik* beschreibt. Beispielhaft dazu sind die Konfidenzintervalle, welche in Abschnitt 5 behandelt werden.

3.1 Grundgesamtheit und Stichprobe

Unter der *Grundgesamtheit* G versteht man in der Statistik eine i. A. sehr umfangreiche (= „mächtige") Menge von Elementen und unter einer *Stichprobe* $S = \{s_1, s_2, ..., s_n\}$ eine jedenfalls endliche Teilmenge von G. Es gilt also $S \subseteq G$ mit der Mächtigkeit $|S| = n$.

Jedes Element der Grundgesamtheit besitzt ein *Merkmal*, das in verschiedenen *Merkmalsausprägungen* $x_1, x_2, ..., x_m$ auftritt und Gegenstand der statistischen Untersuchung von G ist. Allerdings wird zu diesem Zweck nur eine Stichprobe S untersucht, die zwar grundsätzlich unter allen Teilmengen von G zufällig ausgewählt wird, aber die Merkmalsverteilung in G trotzdem repräsentativ abbilden soll. Die Menge aller Merkmalsausprägungen wird (ebenso wie das Merkmal selbst) im Weiteren mit X symbolisiert.

Ist etwa die Grundgesamtheit die Menge aller in Österreich zugelassenen PKW und soll eine Übersicht über die verschiedenen in Umlauf befindlichen Fabrikate erstellt werden, so käme als Stichprobe z. B. die Menge aller auf einem Großparkplatz abgestellten Fahrzeuge mit einer österr. Nummerntafel in Frage. Ein ganz anderes, aber die geschilderten Zusammenhänge ebenso gut veranschaulichendes Beispiel wäre die Menge aller Würfe mit einem Spielwürfel als (unendliche) Grundgesamtheit und eine Anzahl von n Würfen als Stichprobe. Die jeweils erreichte Augenzahl wäre in diesem Fall das Merkmal X mit den Ausprägungen 1, 2, 3, 4, 5 und 6, deren verschiedene Häufigkeiten in einer *Strichliste* festgehalten werden können.

Zwischen einer Strichprobe S und der Menge $X = \{x_1, x_2, ..., x_m\}$ der zugehörigen Merkmalsausprägungen besteht ein Funktionszusammenhang in dem Sinn, als jedem Merkmalsträger $s_i \in S$ genau eine Ausprägung $x_k \in X$ eindeutig zugeordnet werden kann: $x = X(s): S \rightarrow X$. Bei den oben genannten Beispielen wäre $X = \{VW, Toyota, Renault, ..., Sonstige\}$ die Menge der erhobenen Automarken bzw. $X = \{1, 2, 3, 4, 5, 6\}$ die Menge der möglichen Augenzahlen.

Abschließend sei festgehalten, dass statistische Untersuchungen nicht auf Stichproben im eigentlichen Sinn, also auf (repräsentative) Teilmengen einer Grundgesamtheit G beschränkt sind, deren Zusammensetzung mittels S zu analysieren ist. Vielmehr wird in der Statistik jede endliche Menge von Elementen mit verschiedenen Merkmalsausprägungen als Stichprobe bezeichnet.

3.2 Lage- und Streuungsparameter

In der Statistik bedeutet *Datensatz* die Gesamtheit von Daten in einem bestimmten Zusammenhang, also z. B. die Menge aller Merkmalsausprägungen einer Stichprobe. Bestehen die Daten aus Zahlen, die sich in eine Reihenfolge bringen lassen, so spricht man von einer *Datenreihe*. Dafür können statistische Kennzahlen, und zwar *Lageparameter* und *Streuungsparameter*, erhoben werden, was anhand des folgenden Beispiels abgehandelt werden soll.

Beispiel: In einer Stichprobe befinden sich 16 Schülerinnen und Schüler, deren Körpergröße in einer *Urliste* festgehalten und dann in die folgende Datenreihe gebracht wird: 155, 159, 162, 165, 165, 166, 167, 171, 173, 173, 175, 175, 175, 178, 180, 181.

Lageparameter: Das arithmetische Mittel einer Datenreihe wird als ihr (statistischer) *Mittelwert* m bezeichnet. Bei unserem Beispiel ergibt die Rechnung als Summe der einzelnen Größen 2720 und der 16. Teil davon ist 170. Die 16 Merkmalsträger sind also „im Durchschnitt" 170 cm groß. Unter dem *Median* oder *Zentralwert* z einer Datenreihe versteht man den mittleren Wert bei einer ungeraden und das arithmetische Mittel aus den beiden mittleren Zahlen bei einer geraden Datenanzahl. In unserem Fall sind die beiden mittleren Zahlen 171 und 173, daraus folgt z = 172.

Extreme „Ausreißer" beeinflussen den Mittelwert mehr als den Zentralwert. Tauscht man in unserem Beispiel etwa einen mittelgroßen gegen einen besonders großen Schüler oder eine nur knapp unter dem Mittel liegende gegen eine sehr kleine Schülerin aus, so beeinflusst das den Mittelwert m, den Median z jedoch nicht.

Der Median der unteren Datenhälfte wird als *erstes* oder *unteres Quartil* q_1 und jener der oberen Datenhälfte (bei ungeradem n jeweils unter Einschluss des Medians) als *drittes* oder *oberes Quartil* q_3, der Median selber wird auch als *zweites Quartil* q_2 bezeichnet. In unserem Beispiel gilt q_1 = 165 und q_3 = 175. Der am öftesten vorkommende Wert einer Datenreihe, in unserem Fall die Zahl 175, stellt deren *Modus* (oder *Modalwert*) dar; einen solchen gibt es auch bei Datensätzen, die nicht aus Zahlen bestehen. (Bei der in Abschnitt 3.1 genannten Stichprobe – die auf einem Großparkplatz abgestellten PKW – ist das mit großer Wahrscheinlichkeit die Marke VW.)

Als einfachster **Streuungsparameter** gilt die *Spannweite* als Differenz zwischen dem größten und dem kleinsten Wert einer Datenreihe, also in unserem Fall 181 − 155 = 26. Die *empirische Varianz* s^2 und die Wurzel daraus, die *empirische Standardabweichung* sind weitere Streuungsparameter. Erstere ist das arithm. Mittel der Quadrate der Differenzen zwischen den Elementen x_1, x_2, ..., x_n einer Datenreihe und ihrem Mittelwert m: $s^2 = \frac{(m-x_1)^2+(m-x_2)^2+...+(m-x_n)^2}{n}$. Bei unserem Beispiel ist das der 16. Teil von $15^2 + 11^2 + 8^2 + 2 \cdot 5^2 + 4^2 + 3^2 + (-1)^2 + 2 \cdot (-3)^2 + 3 \cdot (-5)^2 + (-8)^2 + (-10)^2 + (-11)^2 = 864$, also ist $s^2 = 54$ die Varianz und $s \approx 7{,}35$ die Standardabweichung.

Vorschläge zum Selbermachen:

1. In einem Gymnasium gibt es 24 Klassen mit folgenden Schülerzahlen: Eine Klasse hat 20 Schüler, zwei je 21 Schüler, drei je 22 Schüler, drei je 24 Schüler, zwei je 25 Schüler, vier je 26 Schüler, sechs je 27 Schüler und drei je 28 Schüler. Aufgabenstellung: Es sind alle Lageparameter sowie die Spannweite dieser Datenreihe anzugeben.[$m = 25$, $z = 26$, $q_1 = 23$, $q_3 = 27$, Modus 27, Spannweite 8]

2. Schularbeitenergebnis: 3 Sehr gut, 3 Gut, 5 Befriedigend, 8 Genügend, 7 Nicht genügend. Was ist die Stichprobe S, was ist das Merkmal bei diesem Beispiel? Zu ermitteln sind der Mittelwert m, der Median z, die beiden Quartile q_1 und q_3, der Modus, die Varianz und die Standardabweichung. [$\frac{7}{2}$; 4; 3 und 5; 4; $\frac{89}{52}$; 1,308]

3. Gesucht sind der Mittelwert m und die Standardabweichung s für die Länge eines Wegstücks, das mit einem 20-m-Maßband in zwei Serien zu je fünf Messungen wie folgt gemessen wurde (Maße in Metern): 1201, 1198, 1202, 1205, 1194; 1190, 1212, 1197, 1188, 1213. Welche Mess-Serie ist genauer? [$m = 1200$ m, $s_1 \approx 3{,}74$, $s_2 \approx 10{,}64$]

4. Neun Athleten eines Sportvereins absolvieren einen Test; der Mittelwert der Testergebnisse ist 8. Ein zehnter holt den Test nach und erreicht ein Ergebnis von 4. Aufgabenstellung: Wie groß ist nun das arithm. Mittel der Testergebnisse aller zehn Athleten? [7,6]

5. Gegeben ist eine Datenreihe x_1, x_2, ..., x_n mit n Werten und dem arithm. Mittel m. Diese Liste wird um zwei Werte x_{n+1} und x_{n+2} ergänzt, wobei das arithm. Mittel der nunmehr n + 2 Daten gleich bleibt. Aufgabenstellung: Geben Sie für diesen Fall einen Zusammenhang zwischen x_{n+1}, x_{n+2} und m mithilfe einer Formel an. [$x_{n+1} + x_{n+2} = 2m$]

3.3 Häufigkeitsverteilungen und graphische Darstellungen

In diesem Abschnitt geht es um die Häufigkeit, mit der eine bestimmte Merkmalsausprägung in einer Stichprobe S mit der Mächtigkeit |S| =

n auftritt, was dann gegebenenfalls Rückschlüsse auf die Häufigkeit in einer Grundgesamtheit G zulässt.

Unter der *absoluten Häufigkeit* H_k versteht man die Anzahl der Merkmalsträger $s_i \in S$, welche mit derselben Ausprägung x_k behaftet sind, und unter der *relativen Häufigkeit* h_k den Quotienten $\frac{H_k}{n}$, das ist wegen $H_k \leq n$ eine Zahl zwischen 0 und 1. Indem für die Summe aller absoluten Häufigkeiten $H_1 + H_2 + \ldots + H_m = n$ gilt, muss die Summe aller relativen Häufigkeiten die Zahl 1 ergeben. Das Hundertfache von h_k ist die in Prozent ausgedrückte relative Häufigkeit, in Summe 100 %.

Hinsichtlich des Mittelwerts m eines aus einer Stichprobe S mit der Mächtigkeit n erhobenen Datensatzes, in dem die Werte $x_1, x_2, \ldots, x_m$ mit den Häufigkeiten $h_1, h_2, \ldots h_m$ vorkommen, gilt die inhaltlich mit der bisherigen Berechnung völlig identische Formel

$$m = h_1 \cdot x_1 + h_2 \cdot x_2 + \ldots + h_m \cdot x_m$$

Eine dazu analoge Formel gilt dann auch für die Varianz.

Fasst man die verschiedenen relativen Häufigkeiten zu einer Menge H = $\{h_1, h_2, \ldots, h_m\}$ zusammen, so besteht zwischen der Menge X aller Merkmalsausprägungen und der Menge H ein Funktionszusammenhang in dem Sinn, als jeder Ausprägung $x_k \in X$ genau eine relative Häufigkeit $h_k \in H$ eindeutig zugeordnet werden kann: h = H(x): X $\rightarrow$ H. Diese Funktion heißt *Häufigkeitsverteilung*, sie lässt sich durch eine *Häufigkeitstabelle* festhalten und durch eine Vielzahl von Diagrammen graphisch darstellen.

Beispiel 1: Die Auswertung hat hinsichtlich der absoluten Häufigkeiten verschiedener Automarken für die auf einem Großparkplatz abgestellten PKW folgende Zahlen ergeben: VW-Gruppe (mit Skoda, Seat und Porsche) 48, andere deutsche Fabrikate 55, japanische und südkoreanische Produkte 35, französische Marken (Renault mit Dacia, Peugeot, Citroën) 24 und Sonstige (Fiat, Volvo u. a.) 18. Das sind zusammen 180 Fahrzeuge und daraus ergibt sich die folgende Häufigkeitstabelle:

X	VW	AD	JS	FR	SO
H	$\frac{48}{180} \approx 0{,}267$	$\frac{55}{180} \approx 0{,}306$	$\frac{35}{180} \approx 0{,}194$	$\frac{24}{180} \approx 0{,}133$	$\frac{18}{180} = 0{,}1$

Eine entsprechende Recherche im Internet zeigt, dass das Ergebnis der Stichprobe von den tatsächlichen Gegebenheiten zu Ende des Jahres 2020 nicht wesentlich abweicht. Hinsichtlich der verschiedenen Möglichkeiten einer graphischen Darstellung scheint mir das folgende *Balkendiagramm* in diesem Fall passend:

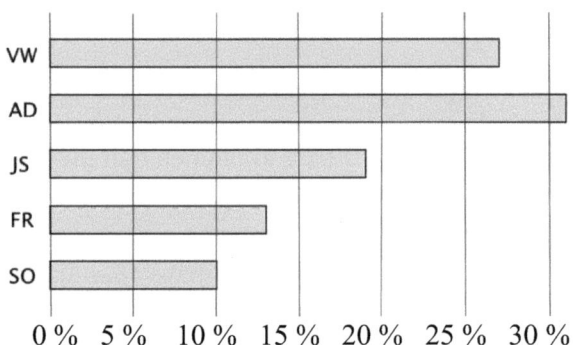

Dreht man das oben dargestellte Balkendiagramm um 90° nach links, so entsteht daraus ein *Säulendiagramm*.

Beispiel 2: Die Anzahl ihrer zusammen 48 Kinder verteilt sich auf die 20 Klassenkameraden meiner Maturaklasse (1959) wie folgt: Keine Kinder haben zwei, ein Kind hat einer, je zwei Kinder haben 8, je drei Kinder 6, je vier Kinder 2 und fünf Kinder hat einer meiner Maturakollegen. Die relative Häufigkeitsverteilung ist tabellarisch anzugeben sowie durch ein *Liniendiagramm*, ein *Stabdiagramm* und ein *Punktdiagramm* graphisch zu veranschaulichen:

X	0	1	2	3	4	5
H	$\frac{2}{20} = 0{,}1$	$\frac{1}{20} = 0{,}05$	$\frac{8}{20} = 0{,}4$	$\frac{6}{20} = 0{,}3$	$\frac{2}{20} = 0{,}1$	$\frac{1}{20} = 0{,}05$

Hinsichtlich der genannten Diagramme lassen sich diese analog zur bekannten zweidimensionalen Koordinatengeometrie gestalten, wobei allerdings die Maßstäbe für x und h passend gewählt werden können. Auch ob für die Erstellung dieser Diagramme anstelle der relativen die absoluten Häufigkeiten herangezogen werden ändert an ihnen im Prinzip nichts und wird lediglich durch die Beschriftung angezeigt.

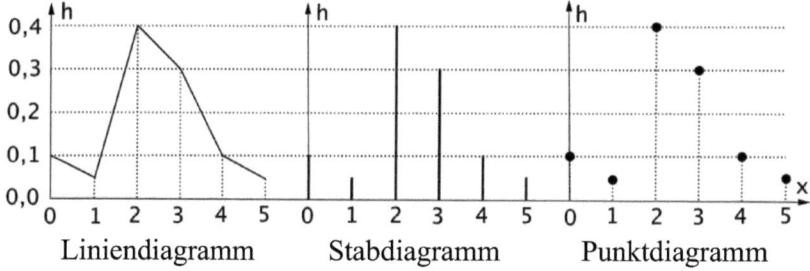

Liniendiagramm   Stabdiagramm   Punktdiagramm

Beispiel 3: Ein Meinungsforschungsinstitut erstellt für fünf Parteien eine Wahlprognose, nach der Liste 1 und Liste 3 mit je 18 %, Liste 2 mit 24 %, Liste 4 mit 10 Prozent und Liste 5 mit 6 % der Wählerstimmen rechnen kann, während 24 % der Wahlberechtigten noch unentschlossen oder deklarierte Nichtwähler sind. Diese Prognose ist durch ein *Kreisdiagramm* zu veranschaulichen.

Bei Kreisdiagrammen wird eine Kreisfläche in Sektoren unterteilt, deren Zentriwinkel und Flächeninhalte sowohl zu den absoluten wie auch relativen Häufigkeiten proportional sind. Letztere sind dabei mit 360 zu multiplizieren, was in unserem Fall $360 \cdot \frac{18}{100} = 64{,}8°$ (für 1 und 3), $360 \cdot \frac{24}{100} = 86{,}4°$ (für 2 und N), $36°$ (für 4) und $21{,}6°$ (für 5) ergibt.

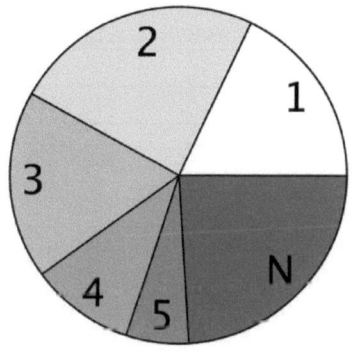

Histogramme: Bei Balken- und Säulendiagrammen mit gleicher Breite der Rechtecke gibt neben deren Länge auch deren Flächeninhalt Auskunft über die Häufigkeitsverteilung. Das wird für *Histogramme* genützt, das sind Säulendiagramme mit unmittelbar aneinandergereihten Rechtecken über einer Grundlinie. Liegt hinsichtlich der Merkmale ein *Klassenbildung* vor, wie das z. B. schon bei Beispiel 1 der

Fall ist, so lassen sich durch Histogramme auch deren (verschiedene) Breiten veranschaulichen. Die Höhe der Rechtecke wird dann als *Klassendichte* bezeichnet und ist der Quotient aus *Klassenhäufigkeit* und *Klassenbreite*. Dabei spielen verschiedene Maßstäbe hinsichtlich Breite und Höhe (bzw. Dichte) keine Rolle, weil die Häufigkeitsverteilung nur durch die Relation der Rechtecksflächen zueinander Ausdruck findet. Alle Histogrammflächen zusammen definieren dann bei einem *absoluten Histogramm* hinsichtlich einer Stichprobe vom Umfang n den Flächeninhalt A = n FE und bei einem *relativen Histogramm* den Flächeninhalt A = 1 FE. (FE steht für Flächeneinheit.) Grundsätzlich besteht zwischen absoluten und relativen Histogrammen (wie bei den Kreisdiagrammen) kein Unterschied.

Beispiel 4: Ein Unternehmen hat die Anzahl seiner Mitarbeiter nach folgenden vier Altersgruppen erhoben: 45 von ihnen sind zwischen 15 und unter 30 Jahre alt, 40 sind zwischen 30 und unter 40 Jahre, 35 sind zwischen 40 und unter 50 Jahre sowie 30 zwischen 50 und 65 Jahre alt. Es ist eine Tabelle zu erstellen, welche den vier Klassen die jeweilige Breite, die absolute Häufigkeit sowie die Dichte d zuweist. Sodann ist ein absolutes Histogramm zu zeichnen.

Altersklasse	Klassenbreite	Absol. Häufigkeit	Dichte
$15 \leq x < 30$	15	45	3
$30 \leq x < 40$	10	40	4
$40 \leq x < 50$	10	35	3,5
$50 \leq x \leq 65$	15	30	2

Das Zeichnen eines Histogramms bedarf zur Optimierung des Informationswertes einer geeigneten Festlegung der Maßstabsrelation Klassenbreite : Dichte, hier mit B : D = 1 : 5 veranschlagt:

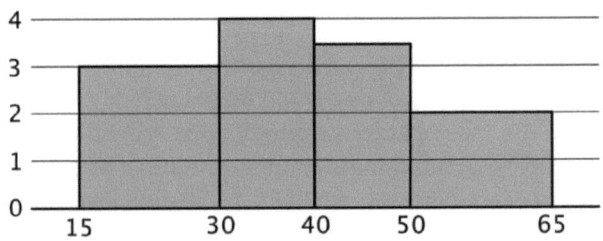

Beispiel 5: Bei 50 Würfen mit einem Würfel traten hinsichtlich der Punktezahlen folgende absolute Häufigkeiten auf: 7-mal kam die Eins, 11-mal kam die Zwei, 7-mal kam die Drei, 6-mal kam die Vier, 8-mal kam die Fünf und 11-mal kam die Sechs. Es ist die relative Häufigkeitsverteilung in einer Tabelle festzuhalten und mit der zugehörigen Wahrscheinlichkeitsverteilung zu vergleichen.

1	2	3	4	5	6
$\frac{7}{50}=0{,}14$	$\frac{11}{50}=0{,}22$	$\frac{7}{50}=0{,}14$	$\frac{6}{50}=0{,}12$	$\frac{8}{50}=0{,}16$	$\frac{11}{50}=0{,}22$

Es ist empirisch belegbar und wohl auch logisch nachvollziehbar, dass sich bei Zufallsexperimenten, wie der Würfelwurf eines darstellt, die relative Häufigkeit, mit welcher ein bestimmtes Ereignis eintritt, der rechnerischen Wahrscheinlichkeit immer weiter annähert, je öfter das Experiment durchgeführt wird. Dieses empirische *Gesetz der großen Zahlen* ist auf Seite 21 bereits erwähnt worden. In unserem Fall ist die Wahrscheinlichkeit für alle Elemente der Menge X gleich, nämlich $\frac{1}{6} \approx 0{,}167$, während die relativen Häufigkeiten zwischen 0,12 und 0,22 um diesen Wert herumpendeln. Diese „Streuung" wird umso geringer ausfallen, je öfter ein „fairer" Würfel geworfen wird bzw. wird sich die Häufigkeitsverteilung der berechneten Wahrscheinlichkeitsverteilung für dieses Experiment immer mehr annähern. Sollte es sich auch bei sehr großen Stichproben anders verhalten, so ist an den beteiligten Zufallsgeräten etwas nicht in Ordnung und werden diese dann als „unfair" bezeichnet.

Boxplot: Beispiel 5 soll auch noch dazu verwendet werden, eine graphische Darstellung namens *Boxplot,* zu deutsch *Kastenschaubild,* vorzustellen. Dafür sind zunächst der Median, das untere und das obere Quartil sowie der kleinste und der größte Wert einer Datenreihe zu ermitteln, wobei extreme „Ausreißer" allerdings nicht berücksichtigt werden. In unserem Beispiel beginnt die Datenreihe mit 7 Einsern, gefolgt von 11 Zweiern und 7 Dreiern, das sind die unteren 25 Werte der Reihe, und die oberen 25 beginnen mit 6 Vierern, gefolgt von 8 Fünfern und 11 Sechsern. Daher ist der Median z hier das arithmetische Mittel von 3 und 4, also 3,5, sowie $q_1 = 2$ und $q_3 = 5$. Die folgende Zeichnung spricht für sich, in der Regel fallen aber Boxplots nicht so symmetrisch aus. Die zu den beiden Extremwerten hinführenden Arme werden als „Fühler" bezeichnet und im „Kasten" befinden sich die mittleren 50 % des Datensatzes.

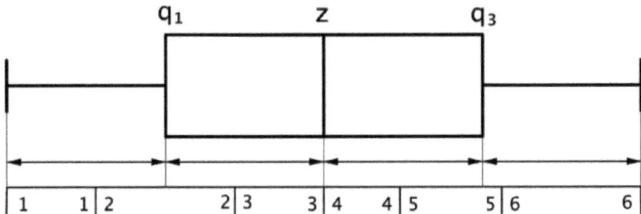

Neben dem Boxplot haben auch das *Stängel-Blatt-Diagramm* und das *Punktwolkendiagramm* Eingang in den Prüfungsstoff der (österr.) Zentralmatura gefunden. Daher werden diese Diagramme anhand von zwei Maturaaufgaben ebenfalls noch kurz vorgestellt.

Ersteres ist keine graphische Darstellung, sondern lediglich ein Verfahren, wie die (allenfalls umfangreichen) Daten einer Urliste geordnet werden können, nämlich nach dem Stellenwert der erhobenen Zahlen. Dabei bilden die Zehner, allenfalls auch Hunderter usw. den „Stängel" und die Einer das „Blatt". In der folgenden Tabelle werden auf diese Art die Besucherzahlen von zwei Filmen einander gegenübergestellt, der „Stängel" sind die Zehner und das „Blatt" die Einer:

Film A		Film B	
2	0, 3, 8	2	3
3	6, 7	3	1, 4, 5
4	2, 4, 5, 6	4	4, 5, 8
5	2, 6, 8, 9	5	0, 5, 7, 7
6	1, 8	6	1, 2
		7	0

Als Aufgabenstellungen dazu sind Vergleiche hinsichtlich der Lage- und der Streuungsparameter der beiden Datensätze angebracht.

Ein **Punktwolkendiagramm** unterscheidet sich von allen bisher vorgestellten Graphiken dadurch, dass in ihm zwei Verteilungen für ein und dieselbe Stichprobe veranschaulicht werden. Beim folgenden

Beispiel besteht die Stichprobe aus 20 Schülern mit je zwei Merkmals-ausprägungen, nämlich einmal der Anzahl der (maximal 15) zwischen zwei Schularbeitenterminen abgegebenen Hausübungen und der Punktesumme (maximal 48), die der betreffende Schüler dann bei der nachfolgenden Schularbeit erreicht hat.

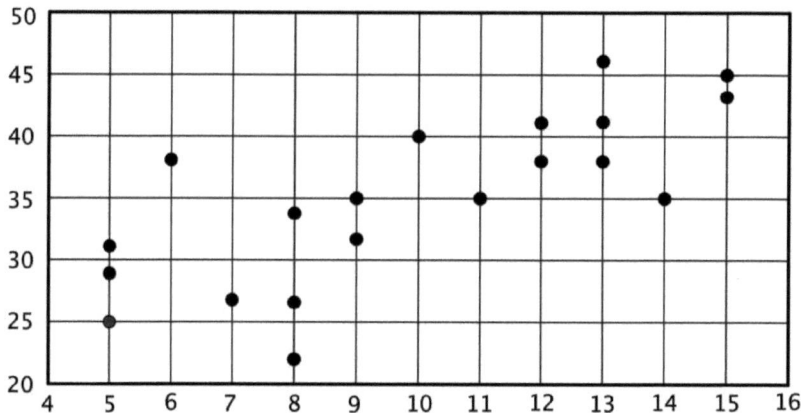

Die Aufgabenstellung bei der entsprechenden Maturaaufgabe bestand darin, anhand des Diagramms Fragen hinsichtlich des Zusammenhanges zwischen der Anzahl der abgegebenen Hausübungen und der bei der Schularbeit erreichten Punktesumme zu beantworten.

Vorschläge zum Selbermachen:

1. Unter den 75 Schülern der 8. Klassen einer Höheren Schule hat eine Umfrage hinsichtlich des regelmäßigen Besuchs von kulturellen Einrichtungen folgendes Ergebnis gebracht: 9 von ihnen besuchen sowohl Aufführungen von Sprechstücken als auch Musiktheater-Aufführungen und ebenso Konzerte sowie Museen/Ausstellungen, weitere 15 besuchen drei dieser vier Kategorien, 24 zwei davon, 12 eine und 15 keine davon regelmäßig. Es sind für die Merkmalsausprägungen 0, 1, 2, 3 und 4 die relativen Häufigkeiten zu berechnen und ein die Verteilung gut veranschaulichendes Diagramm zu zeichnen.

2. Das Würfeln mit zwei Würfeln hat folgende Punktesummen ergeben: 2 kam einmal, 3 dreimal, 4 fünfmal, 5 sechsmal, 6 siebenmal, 7 neunmal, 8 achtmal, 9 fünfmal, 10 viermal, 11 zweimal und auch 12 zweimal. Es ist die (relative) Häufigkeitsverteilung zu berechnen und diese mit der zugehörigen Wahrscheinlichkeitsverteilung zu vergleichen. [Wahrscheinlichkeitsverteilung $P(2) = P(12) = \frac{1}{36}$, $P(3) = P(11)$ $= \frac{1}{18}$, $P(4) = P(10) = \frac{1}{12}$, $P(5) = P(9) = \frac{1}{9}$, $P(6) = P(8) = \frac{5}{36}$, $P(7) = \frac{1}{6}$]

3. Jeder Zahl der Stichprobe S = {1, 2, 3, ...15, 16} wird als Merkmalsausprägung die Anzahl ihrer Teiler zugeordnet. Die Häufigkeitsverteilung ist in einer Tabelle festzuhalten und durch ein Säulendiagramm zu veranschaulichen. [$H(1) = H(5) = H(6) = \frac{1}{16}$, $H(2) = \frac{3}{8}$, $H(3) = \frac{1}{8}$, $H(4) = \frac{5}{16}$]

4. In einem Park stehen 180 Buchen, 120 Fichten, 100 Eschen, 60 Kiefern, 50 Bergahorn und 30 Tannen. Es ist die Häufigkeitsverteilung zu bestimmen und diese in einem Kreisdiagramm zu veranschaulichen. Mit welcher Wahrscheinlichkeit ist ein zufällig ausgewählter Baum aus dem Park **a)** ein Nadelbaum, **b)** ein Laubbaum? [$\frac{7}{18}$, $\frac{11}{18}$]

5. Bei Beispiel 3.3.5 (Seite 41) ist der Mittelwert zu berechnen und zu begründen, warum sich dieser vom Mittelwert der zugehörigen Wahrscheinlichkeitsverteilung unterscheidet. [3,6 > 3,5]

6. Eine Stichprobe besteht aus 100 Erwachsenen, deren Körpergröße das Merkmal der statistischen Untersuchung darstellt. Zwischen 150 und 160 cm groß sind 11 Personen, zwischen 160 und 170 cm 20 Personen, zwischen 170 cm und 180 cm 38 Personen, zwischen 180 und 190 cm 24 Personen und zwischen 190 cm und 200 cm groß sind 7 Personen. Es ist ein Histogramm zu zeichnen, dessen Rechtecke die absoluten Häufigkeiten innerhalb der angegebenen fünf Klassen (mit B : D = 1 : 5) veranschaulichen.

7. Bei einer Verkehrskontrolle wurden folgende Zahlen hinsichtlich von LKW-Überladungen ermittelt: 30 der überprüften LKW waren unter einer Tonne überladen, 50 zwischen einer und unter drei Tonnen sowie 60 zwischen drei und sechs Tonnen. Aufgabenstellung: Es ist ein Histogramm zu zeichnen, in dem sich die Klassenbreiten wie 1 : 2

44

: 3 verhalten und bei dem die absoluten Häufigkeiten als Flächeninhalte von Rechtecken dargestellt sind.

8. Eine Zählung in einem Warenhaus hat ergeben: 15 % der Besucher hielten sich höchstens 15 Minuten, 35 % über 15 bis höchstens 30 Minuten, 30 % über 30 Minuten bis höchstens eine Stunde und 20 % über eine bis zu zwei Stunden im Warenhaus auf. Es ist ein Histogramm zu zeichnen, in dem sich die Klassenbreiten wie 1 : 1 : 2 : 4 verhalten und bei dem der Flächeninhalt jedes Rechtecks den Prozentanteil der jeweiligen Besucherklasse veranschaulicht.

9. Zu den beiden Datenreihen des Stängel-Blatt-Diagrammes auf Seite 42 sind Kastenschaubilder zu erstellen sowie die durchschnittlichen Besucherzahlen zu berechnen. [45; 48]

10. Alle Mädchen und Knaben einer Landschul-Klasse wurden über die Länge ihres Schulweges befragt. Die beiden Kastenschaubilder geben Auskunft über ihre Antworten.

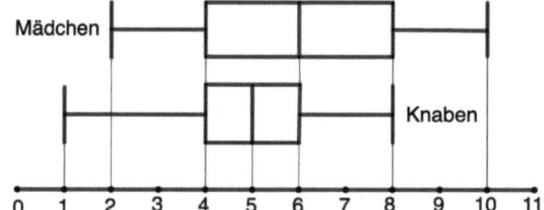

Bei der österr. Zentralmatura im Haupttermin 2014 waren dazu folgende Aussagen zu überprüfen: **a)** Mehr als 60 % der befragten Mädchen haben einen Schulweg von mindestens 4 km. **b)** Der Median ist bei Knaben und Mädchen gleich. **c)** Mindestens 50 % der Mädchen und mindestens 75 % der Knaben haben einen Schulweg, der kleiner oder gleich 6 km ist. **d)** Höchstens 40 % der Knaben haben einen Schulweg zwischen 4 km und 8 km. **e)** Die Spannweite ist bei den Umfragedaten der Knaben genauso groß wie bei den Umfragedaten der Mädchen. [Richtig sind **a)** und **c)**.]

11. Hinsichtlich des vorgegebenen Punktwolkendiagramms (Seite 43) waren bei der österr. Zentralmatura im Haupttermin 2018 folgende

Aussagen zu überprüfen: **a)** Nur Schüler, die mehr als 9 Hausübungen abgegeben haben, konnten mindestens 35 Punkte bei der Schularbeit erzielen. **b)** Der Schüler mit der geringsten Punkteanzahl bei der Schularbeit hat die wenigsten Hausübungen abgegeben. **c)** Der Schüler mit den meisten Punkten bei der Schularbeit hat alle Hausübungen abgegeben. **d)** Schüler mit mindestens 10 abgegebenen Hausübungen haben bei der Schularbeit im Durchschnitt mehr Punkte erzielt als jene mit weniger als 10 abgegebenen Hausübungen. **e)** Aus der Anzahl der bei der Schularbeit erreichten Punkte kann man eindeutig auf die Anzahl der abgegebenen Hausübungen schließen. [Richtig ist nur **d)**.]

12. Es wurden 400 Jugendliche nach ihrem Freizeitverhalten befragt. Davon gaben 330 an, Mitglied in einem Sportverein zu sein und 146 gaben an, ein Instrument zu spielen. 98 Jugendliche gaben an, dass beides auf sie zutrifft. Aufgabenstellung: Es ist eine Tabelle der relativen Häufigkeiten hinsichtlich der folgenden vier Merkmalsausprägungen zu erstellen: 1 – ist Mitglied in einem Sportverein und spielt ein Instrument, 2 – ist Mitglied in einem Sportverein, spielt aber kein Instrument, 3 – ist nicht Mitglied in einem Sportverein, spielt aber ein Instrument, 4 – ist weder Mitglied in einem Sportverein und spielt auch kein Instrument. [24,5 %, 58 %, 12 %, 5,5 %]

Wahrscheinlichkeitsverteilungen

Der in der Überschrift genannte Begriff wurde bereits auf Seite 16 im Zusammenhang mit Baumdiagrammen eingeführt, indem diese auf sehr übersichtliche Art und Weise solche Verteilungen zu erklären imstande sind. Und in Abschnitt 3 wurde (erstmals auf Seite 41) der Zusammenhang zwischen Häufigkeitsverteilungen und Wahrscheinlichkeitsverteilungen angesprochen. Was bei den Ersteren die Stichprobe S mit konkreten Elementen ist, das ist bei Letzteren der *Stichprobenraum* S als Ort von nur mehr gedachten *Zufallsvorgängen* (*Zufallsexperimenten*). Den als *Zufallszahlen* oder *Zufallswerten* $x_k \in X$ bezeichneten verschiedenen Ausfällen der Experimente wird dann die jeweilige Wahrscheinlichkeit $p_k \in P$ mit $0 \leq p_k \leq 1$ zugeordnet. Eine *Wahrscheinlichkeitsverteilung* ist mithin eine Funktion $p = P(x): X \to P$. Die Voraussetzung dafür ist die Abbildung von S auf X. Für sie bzw. die zugehörige Zuordnungsvorschrift hat sich in der Literatur der Begriff *Zufallsvariable* X durchgesetzt, wiewohl Variable in der Mathematik gewöhnlich nur als Platzhalter gelten und durch Kleinbuchstaben ausgewiesen werden.

Die in der Statistik verwendeten Lage- und Streuungsparameter samt deren Berechnung gelten auch für Wahrscheinlichkeitsverteilungen. Kleine Änderungen gibt es nur bei einigen Benennungen: Der Mittelwert wird zum „Erwartungswert" und bei Varianz sowie Standardabweichung entfällt das Adjektiv „empirisch". Hinsichtlich der graphischen Veranschaulichung besteht zwischen Häufigkeits- und Wahrscheinlichkeitsverteilungen kein Unterschied.

4.1 Diskrete Verteilungen

Dieser Begriff bezieht sich auf die Menge X der Zufallszahlen, nämlich ob diese dort diskret (wie z. B. ganze Zahlen) aufeinanderfolgen, oder stetig, wie das etwa in einem Intervall $X = \{x \in \mathbf{R} \,/\, a < x < b\}$ von reellen Zahlen der Fall ist. Bei Stichproben S als endlichen Teilmengen einer Grundgesamtheit G von konkreten Objekten ist auch die

Menge X eine endliche und sind daher *diskrete Verteilungen* in der beschreibenden Statistik die Regel. Bei den Wahrscheinlichkeitsverteilungen ist das hingegen nicht der Fall. Zunächst sollen hier aber nur Verteilungen mit *diskreten Zufallsvariablen* behandelt werden.

Lage- und Streuungsparameter werden bei diesen Verteilungen auf die gleiche Art und Weise berechnet wie bei den Häufigkeitsverteilungen, was schon angeklungen ist. Allerdings verwendet man als Symbole dafür anstelle der lateinischen Buchstaben m, s und s^2 griechische Buchstaben, und zwar μ (My) für den Mittelwert, der in diesem Zusammenhang aber *Erwartungswert* genannt wird, sowie σ (Sigma) und σ^2 für die *Standardabweichung* und die *Varianz*.

An der auf Seite 37 angegebenen Mittelwertsformel ändern sich für den Erwartungswert also nur die Symbole (μ statt m und p_1, p_2, ..., p_m statt h_1, h_2, ..., h_m). Für die Varianz lautet die Formel in der Wahrscheinlichkeitssymbolik

$$\sigma^2 = p_1 \cdot (\mu - x_1)^2 + p_2 \cdot (\mu - x_2)^2 + ... + p_m \cdot (\mu - x_m)^2$$

Beispiel 1: Eine Zufallsvariable X, welche die Werte 1, 2 und 3 annehmen kann, hat den Erwartungswert $\mu = 2$ und die Varianz $\sigma^2 = 0{,}6$. Es sind die für diese Verteilung geltenden Wahrscheinlichkeiten p_1, p_2 und p_3 zu berechnen.

Aus den drei Gleichungen
$$(1)\ 1 \cdot p_1 + 2 \cdot p_2 + 3 \cdot p_3 = 2$$
$$(2)\ p_1 \cdot (2 - 1)^2 + p_2 \cdot (2 - 2)^2 + p_3 \cdot (2 - 3)^2 = 0{,}6$$
$$(3)\ p_1 + p_2 + p_3 = 1$$
ergibt sich zunächst $p_1 + p_3 = 0{,}6$ aus (2) und daraus $p_1 + 2p_2 + 3 \cdot (0{,}6 - p_1) = 2$ aus (1) sowie $p_1 + p_2 + (0{,}6 - p_1) = 1$ aus (3). Daraus folgt unmittelbar $p_2 = 0{,}4$ und $p_1 = p_3 = 0{,}3$.

Beispiel 2: Viermaliger Münzwurf mit den Ausfällen W (= Wappen/Kopf) oder Z (= Zahl): Für die Zufallsvariable X = „Anzahl Wappen" sind die Wahrscheinlichkeitsverteilung (Tabelle) sowie der Erwartungswert und die Standardabweichung zu berechnen.

Indem hier die Wahrscheinlichkeit für jedes Elementarereignis W oder Z dieselbe ist, nämlich $p_E = \frac{1}{2}$, und damit jede Wegwahrscheinlichkeit $p_W = 0{,}5^4 = 0{,}0625$, erübrigt sich das Zeichnen eines Baumdiagramms und es ist lediglich zu überlegen, in wievielen von den 16 Wegen W viermal, dreimal, zweimal, einmal oder gar nicht vorkommt. Ersteres und Letzteres trifft nur auf die beiden äußeren Wege zu, und drei W sowie ein W gibt es auf je vier Wegen, weil da das einzige Z bzw. das einzige W an erster, zweiter, dritter oder vierter Stelle auftreten kann. Damit bleiben für je zwei W und zwei Z noch sechs Wege übrig.

X	4	3	2	1	0
P	0,0625	0,25	0,375	0,25	0,0625

$\mu = 0{,}0625 \cdot 4 + 0{,}25 \cdot 3 + 0{,}375 \cdot 2 + 0{,}25 = 2$

$\sigma^2 = 0{,}0625 \cdot (2-4)^2 + 0{,}25 \cdot (2-3)^2 + 0{,}375 \cdot (2-2)^2 + 0{,}25 \cdot (2-1)^2 + 0{,}0625 \cdot (2-0)^2 = 0{,}25 + 0{,}25 + 0{,}25 + 0{,}25 = 1 \Rightarrow \sigma = 1.$

Bei diesem Beispiel handelt es sich bereits um eine Binomialverteilung (Abschnitt 4.2) und kann es daher auch als Beleg für die dort angegebenen Eigenschaften einer solchen Verteilung dienen. Außerdem veranschaulicht das unter dem Buchtitel auf Seite 3 dargestellte Histogramm genau diese Verteilung. Schließlich sei noch bemerkt, dass das Beispiel auch die Wahrscheinlichkeit für die Verteilung von Knaben und Mädchen in einer Familie mit vier Kindern zum Ausdruck bringt. Danach beträgt diese je 6,25 % für vier Kinder desselben Geschlechts, je 25 % für eine Verteilung von 3 : 1 und 37,5 % für eine Gleichverteilung.

Bei der **Beurteilung von Glücksspielen** ist der Erwartungswert maßgeblich. Hat die Wahrscheinlichkeitsverteilung mit der Zufallsvariablen X = „Gewinn/Verlust" einen positiven Erwartungswert, so ist das Spiel auf Dauer für den Spieler gewinnbringend und bei einem negativen Erwartungswert verlustreich. Für $\mu = 0$ ist das Spiel „fair", Gewinn und Verlust halten sich (auf Dauer) die Waage.

Beispiel 3: Ein Glücksspiel-Automat ist so eingestellt, dass im Durchschnitt bei 7 von 10 Versuchen der Einsatz a verloren geht und dass man in 2 von 10 Fällen den Einsatz zurückerhält. Das Wievielfache des Einsatzes muss der Automat im Gewinnfall „ausspucken", damit das Spiel „fair" ist?

Die Wahrscheinlichkeit für „Verlust" beträgt $\frac{7}{10}$, für die Rückgabe des Einsatzes $\frac{2}{10}$ und daher für „Gewinn" $\frac{1}{10}$. Ist x der gesuchte Wert, so muss für den Erwartungswert $\frac{7}{10} \cdot (-a) + \frac{2}{10} \cdot (a - a) + \frac{1}{10} \cdot (x - 1) \cdot a = 0$ sein, weil der Einsatz ja vom Auszahlwert abgezogen werden muss. Daraus folgt (durch Multiplikation der Gleichung mit $\frac{10}{a}$) umgehend x = 8. Der Automat muss also das Achtfache „ausspucken". Es geht aber auch einfacher: Bei 10 Versuchen sind im Durchschnitt 7 verlustreich, 2 neutral und einer gewinnbringend, also $7 \cdot (-a) + 2 \cdot (0) + 1 \cdot (x - a) = 0 \Rightarrow x = 8a$.

Vorschläge zum Selbermachen:

1. Eine Zufallsvariable X kann nur die Werte 10 und 30 mit jeweils derselben Wahrscheinlichkeit a oder 20 mit der Wahrscheinlichkeit b annehmen. Aufgabenstellung: Es sind der Erwartungswert und die Standardabweichung für diese Wahrscheinlichkeitsverteilung zu berechnen. [$\mu = 20$, $\sigma = 10 \cdot \sqrt{2a}$]

2. Eine Urne enthält drei weiße und zwei schwarze Kugeln. Die Zufallsvariable X sei die Anzahl von Ziehungen (ohne Zurücklegen), die jeweils erfolgen, bis **a)** die drei weißen Kugeln, **b)** die zwei schwarzen Kugeln herausgezogen sind (Baumdiagramm). Es sind die Wahrscheinlichkeitsverteilungen tabellarisch darzustellen und Histogramme zu zeichnen. [**a)** $P(3) = \frac{1}{10}$, $P(4) = \frac{3}{10}$, $P(5) = \frac{3}{5}$; **b)** $P(2) = \frac{1}{10}$, $P(3) = \frac{1}{5}$, $P(4) = \frac{3}{10}$, $P(5) = \frac{2}{5}$]

3. In einer Urne sind vier Kugeln mit Nummern von 1 bis 4. Es werden nacheinander zwei Kugeln gezogen. Zu ermitteln sind Wahrscheinlichkeitsverteilung und Erwartungswert für X = „Summe der beiden Zahlen" für eine Ziehung **a)** ohne Zurücklegen, **b)** mit Zurücklegen. [**a)** $P(3) = P(4) = P(6) = P(7) = \frac{1}{6}$, $P(5) = \frac{1}{3}$, $\mu = 5$. **b)** $P(2) = P(8) = \frac{1}{16}$, $P(3) = P(7) = \frac{1}{8}$, $P(4) = P(6) = \frac{3}{16}$, $P(5) = \frac{1}{4}$, $\mu = 5$]

4. Ein Süßwarenhersteller stellt Überraschungseier aus Schokolade her, in deren Hohlraum in kleinen gelben Kapseln „Überraschungen" versteckt sind, darunter auch Star-Wars-Sammelfiguren, wofür der Hersteller mit folgendem Spruch wirbt: „Wir sind jetzt mit dabei, in jedem 7. Ei!". Aufgabenstellung: Peter kauft in einem Geschäft zehn Überraschungseier aus dieser Serie. Berechnen Sie die Wahrscheinlichkeit, dass Peter mindestens eine Star-Wars-Sammelfigur erhält! [p $= 1 - \left(\frac{6}{7}\right)^{10} \approx 0{,}786$]

5. Für einen Einsatz von **a)** zwei Euro, **b)** drei Euro darf man einmal mit zwei Würfeln würfeln. Ergibt die Augensumme eine Primzahl, so erhält man die Augensumme in Euro ausbezahlt, andernfalls erhält man nichts. Ist das Spiel für den Spieler günstig oder ungünstig? [Unter Benützung des Ergebnisses von Vorschlag 3.3.2 **a)** $\mu = \frac{5}{9}$, günstig, **b)** $\mu = -\frac{4}{9}$, ungünstig.]

6. Auf einem Glücksrad befinden sich drei gleich große Sektoren, die mit den Ziffern 0, 1 und −2 beschriftet sind. Der Spieler darf dreimal drehen und dann wird das Produkt aus den „gekommenen" Zahlen gebildet. Der Spieler bekommt oder bezahlt den Betrag dieses Produktes, je nachdem das Produkt positiv oder negativ ist. Ist das Spiel für den Spieler günstig, ungünstig oder ist es „fair"? [Baumdiagramm, $\mu = -\frac{1}{27}$, ungünstig.]

7. Ein Glücksrad ist in die Sektoren A(200°), B(120°) und C geteilt. Man zahlt a Euro Einsatz. Kommt Feld A, so geht der Einsatz verloren. Kommt Feld B, so bekommt man den halben Einsatz zurück. Wieviel muss ausbezahlt werden, wenn Feld C kommt, damit das Spiel „fair" ist? [Das 7,5-fache des Einsatzes.]

4.2 Die Binomialverteilung

Unter einem n-stufigen *BERNOULLI-Experiment* versteht man eine Folge von n Versuchen, bei der jeder Versuch unter genau den gleichen Voraussetzungen abläuft und genau zwei Ausgänge zulässt. Das n-malige Ziehen aus einer Urne mit Zurücklegen und das n-malige

51

Würfeln sind solche Experimente, sofern die beiden Ausgänge z. B. durch „die gezogene Kugel ist rot" und „die gezogene Kugel ist nicht rot" bzw. durch „die gewürfelte Augenzahl ist sechs" und „die gewürfelte Augenzahl ist nicht sechs" definiert sind. Das einfachste BERNOULLI-Experiment ist der n-malige Münzwurf, wie in Beispiel 4.1.2 (Seite 48/49) für n = 4 bereits abgehandelt.

Tritt bei einem BERNOULLI-Experiment das Ereignis E mit der Wahrscheinlichkeit p ein, so tritt das Gegenereignis ¬E mit der Wahrscheinlichkeit q = 1 − p ein, z. B. $p = \frac{1}{6}$ und $q = \frac{5}{6}$ beim Würfeln. In einem Baumdiagramm eines n-stufigen BERNOULLI-Experiments ist jeder Weg eine Abfolge von k-maligem E und (n − k)-maligem ¬E. Jede Wegwahrscheinlichkeit ist dann ein Potenzprodukt $p^k \cdot q^{n-k}$. Darin ist n eine natürliche Zahl, während k schon mit k = 0 beginnt, indem das Ereignis E ja auch gar nicht eintreten kann.

Die Anzahl der Wege, bei denen E genau k-mal vorkommt, ist gleich der Anzahl der Permutationen von n Elementen mit Wiederholung, bei denen E k-mal und ¬E (n − k)-mal vorkommt. Nach Abschnitt 2.1 (Seite 25) und Abschnitt 2.2 (Seite 27) gibt es genau $\frac{n!}{k! \cdot (n-k)!} = \binom{n}{k}$ solche Wege.

Daraus folgt, dass bei einem n-stufigen BERNOULLI-Experiment die Wahrscheinlichkeit, dass das Ereignis E genau k-mal eintritt, durch die Formel

$$P(X = k) = \binom{n}{k} \cdot p^k \cdot (1 - p)^{n-k}$$

bestimmt ist. Das ist somit die Funktionsgleichung der Wahrscheinlichkeitsverteilung mit der Zufallsvariablen X = „Anzahl k des Eintretens des Ereignisses E" bei einem BERNOULLI-Experiment. Jede solche Verteilung wird (wegen des Auftretens des Binomialkoeffizienten in dieser Formel) als *binomische Verteilung* oder als *Binomialverteilung* und eine Zufallsvariable X mit den genannten Eigenschaften wird als *n-p-binomialverteilt* bezeichnet.

Beispiel 1: In einer Urne befinden sich drei Kugeln in verschiedenen Farben. Es ist für das dreimalige Ziehen mit Zurücklegen die Wahrscheinlichkeitsverteilung für die Zufallsvariable X: „Anzahl der Zugriffe, die eine Kugel von bestimmter Farbe, z. B. die rote, ergeben", zu berechnen und durch ein Histogramm zu veranschaulichen.

$$P(0) = \binom{3}{0} \cdot \left(\frac{1}{3}\right)^0 \cdot \left(\frac{2}{3}\right)^3 = \frac{8}{27}$$

$$P(1) = \binom{3}{1} \cdot \left(\frac{1}{3}\right)^1 \cdot \left(\frac{2}{3}\right)^2 = \frac{4}{9}$$

$$P(2) = \binom{3}{2} \cdot \left(\frac{1}{3}\right)^2 \cdot \left(\frac{2}{3}\right)^1 = \frac{2}{9}$$

$$P(3) = \binom{3}{3} \cdot \left(\frac{1}{3}\right)^3 \cdot \left(\frac{2}{3}\right)^0 = \frac{1}{27}$$

$$P(0 \leq X \leq 3) = \frac{8+12+6+1}{27} = 1$$

Als relatives Histogramm (Seite 40) beträgt seine Gesamtfläche 1 FE und hat jedes seiner 27 Quadrate einen Flächeninhalt von $\frac{1}{27}$ FE. Damit veranschaulicht es Intervallwahrscheinlichkeiten, z. B. $P(1 \leq X \leq 2) = \frac{18}{27} = \frac{2}{3}$ oder $P(2 \leq X \leq 3) = \frac{7}{27}$, besonders augenfällig und deutet damit bereits die in Abschnitt 4.6 behandelte näherungsweise Berechnung von Wahrscheinlichkeiten $P(a \leq X \leq b)$ für binomialverteilte Zufallsvariable mit Hilfe einer Normalverteilung an.

Für **Erwartungswert und Varianz** einer n-p-binomialverteilten Zufallsvariablen X gelten folgende Formeln

$$\mu = n \cdot p$$
$$\sigma^2 = \mu \cdot (1 - p)$$

Beweis für den Erwartungswert: Nach der allgemeinen Definition für den Erwartungswert eine n-p-binomialverteilten Zufallsvariablen X mit den Werten 0, 1, 2, ..., n und q = 1 – p gilt

$$\mu = 0 \cdot \binom{n}{0} \cdot p^0 \cdot q^n + 1 \cdot \binom{n}{1} \cdot p^1 \cdot q^{n-1} + ... + (n-1) \cdot \binom{n}{n-1} \cdot$$
$$p^{n-1} \cdot q^1 + n \cdot \binom{n}{n} \cdot p^n \cdot q^0 = n \cdot p \cdot q^{n-1} + 2 \cdot \frac{n \cdot (n-1)}{2!} \cdot p^2 \cdot q^{n-2} +$$

$$+ \cdots + (n - 1) \cdot n \cdot p^{n-1} \cdot q + n \cdot p^n =$$
$$= n \cdot p \cdot [q^{n-1} + (n - 1) \cdot p \cdot q^{n-2} + \ldots + p^{n-1}]$$

Hier steht in der eckigen Klammer die Entwicklung von $(p + q)^{n-1} = 1^{n-1} = 1$ nach dem binomischen Lehrsatz, womit die Formel für den Erwartungswert μ bewiesen ist. In analoger Weise (allerdings recht aufwändig) kommt man auch zur Formel für σ^2.

Hinsichtlich von Beispiel 1 ist somit $\mu = 1$ und $\sigma = \sqrt{\frac{2}{3}} \approx 0{,}816$. (Nur) für $p = \frac{1}{2}$ ist das Histogramm einer Binomialverteilung symmetrisch. In diesem Fall bestimmt der Erwartungswert μ die Symmetrale, siehe Beispiel 4.1.2 mit $\mu = 4 \cdot \frac{1}{2} = 2$ und dem zugehörigen Histogramm auf der Titelseite 3.

Beispiel 2: Ein Schütze gibt zu wiederholten Malen drei Schüsse auf ein Ziel ab. Bei jedem Schuss trifft er mit der Wahrscheinlichkeit 0,6. Für die Zufallsvariable X = „Anzahl der Treffer bei drei Schüssen" sind die Wahrscheinlichkeitsverteilung, der Erwartungswert und die Standardabweichung zu berechnen.

X	0	1	2	3
P	0,064	0,288	0,432	0,216

$$\mu = 3 \cdot 0{,}6 = 1{,}8, \ \sigma^2 = 1{,}8 \cdot 0{,}4 = 0{,}72 \Rightarrow \sigma \approx 0{,}849$$

Beispiel 3: Der Ausstoß einer Maschine weist 8 % leicht fehlerhafte Stücke aus. **a)** Wie groß ist die Wahrscheinlichkeit, dass sich unter 10 Stück mindestens 2 von zweiter Qualität befinden? **b)** Wie groß muss eine Stichprobe sein, damit sie mit mehr als 90-prozentiger Wahrscheinlichkeit mindestens ein fehlerhaftes Stück enthält?

a) Die Aufgabe entspricht einem zehnmaligen Ziehen mit Zurücklegen und wird mit Hilfe der Gegenwahrscheinlichkeit gerechnet, wonach sich unter den gezogenen Stücken höchstens ein fehlerhaftes Stück befindet: $P(0 \leq X \leq 1) = 1 \cdot 0{,}08^0 \cdot 0{,}92^{10} + 10 \cdot 0{,}08^1 \cdot 0{,}92^9 \approx 0{,}434 + 0{,}378 = 0{,}812 \Rightarrow P(2 \leq X \leq 10) = 1 - P(0 \leq X \leq 1) \approx 0{,}188$, das sind rund 19 %.

b) $P(0) + P(1 \leq X \leq n) = 1$ Die Wahrscheinlichkeit, bei n Zugriffen mindestens ein fehlerhaftes Stücke zu ziehen, unterscheidet sich von der Gesamtwahrscheinlichkeit 1 nur durch das erste Glied $P(0) = \binom{n}{0} \cdot 0{,}08^0 \cdot 0{,}92^n$ der Gesamtreihe. Die Bedingung ist also erfüllt, wenn $P(0)$ kleiner ist als 0,1. Die Exponential-Ungleichung $0{,}92^n < 0{,}1$ wird durch Logarithmieren gelöst, nämlich z. B. $\ln 0{,}92^n = n \cdot \ln 0{,}92 < \ln 0{,}1$, woraus durch Division mit der negativen Zahl $\ln 0{,}92$ die Lösung $n > \frac{\ln 0{,}1}{\ln 0{,}92} \approx 27{,}615$ folgt. Die kleinstmögliche ganze Zahl ist $n = 28$, die Probe ergibt $0{,}92^{28} \approx 0{,}097$. Die Stichprobe muss daher einen Umfang von mindestens 28 Stück haben.

Beispiel 4: In einem zwölfköpfigen Ausschuss wird von fünf Mitgliedern ein Antrag gestellt, die anderen sieben Mitglieder stimmen „zufällig" ab, Stimmenthaltung gibt es nicht. Wie groß ist (auf ganze Prozent genau) die Wahrscheinlichkeit, dass der Antrag **a)** mit einfacher („absoluter") Mehrheit, **b)** mit 2/3-Mehrheit angenommen wird?

a) Für die „Absolute" sind mindestens 7 Stimmen notwendig, also müssen mindestens 2 der 7 zufällig abstimmenden Ausschussmitglieder dem Antrag beitreten. $P(2 \leq X \leq 7) = 1 - P(0 \leq X \leq 1) = 1 - 1 \cdot 1 \cdot 0{,}5^7 - 7 \cdot 0{,}5^1 \cdot 0{,}5^6 = 1 - 8 \cdot 0{,}5^7 = 0{,}9375$, also ca. 94 %.

b) Dafür sind mindestens 8 Stimmen notwendig: $P(3 \leq X \leq 7) = P(2 \leq X \leq 7) - P(2) = 0{,}9375 - \binom{7}{2} \cdot 0{,}5^3 \cdot 0{,}5^4 \approx 0{,}9375 - 0{,}1641 = 0{,}7734$, also ca. 77 %.

Vorschläge zum Selbermachen:

1. Für $n = 7$ und $p = \frac{1}{2}$ (z. B. siebenmaliger Münzwurf) sind eine Wertetabelle (auf drei Dezimalen genau) zu erstellen und ein Histogramm zu zeichnen. Wie groß ist die Wahrscheinlichkeit, dass dieselbe Seite zwischen zwei- und fünfmal kommt? [$P(2 \leq X \leq 5) = 0{,}875$]

2. Ein Pentagondodekaeder, das ist ein von 12 regelm. Fünfecken begrenzter geom. Körper, wird als Spielwürfel verwendet und 20-mal geworfen. Wie groß ist die Wahrscheinlichkeit (auf Prozent genau), dass dabei mindestens zweimal eine bestimmte Zahl (z. B. die Zehn) kommt? [51 %]

3. Erfahrungsgemäß verbringen 70 Prozent der Bewohner einer Großstadt ihren Urlaub außerhalb des Wohnortes. Man fragt acht willkürlich ausgewählte Bewohner einer Großstadt nach ihren Urlaubsgewohnheiten. Wie groß ist die Wahrscheinlichkeit (auf Prozent genau), dass mindestens sechs davon ihren Urlaub nicht zuhause verbringen? [55 %]

4. Erfahrungsgemäß regnet es in einem Urlaubsort durchschnittlich einen Tag pro Woche. Wie wahrscheinlich (auf Prozent genau) ist es, dass es dort innerhalb von vier Wochen mindestens drei und höchstens fünf Regentage gibt? [58 %]

5. Ein Elfmeterschütze im Fußball hat eine Trefferwahrscheinlichkeit von 0,75. **a)** Mit welcher Wahrscheinlichkeit verwandelt er von drei Elfern mindestens einen? **b)** Wie groß ist die Wahrscheinlichkeit, dass er von zehn Elfern genau sechs verwandelt? **c)** Wie oft muss der Elferschütze antreten, um mit mehr als 99,9 Prozent Wahrscheinlichkeit mindestens einen Treffer zu erzielen? [98 %, 15 %, n = 5]

6. Ein Prozent der Bevölkerung ist farbenblind. Welchen Umfang muss eine Stichprobe haben, damit sie mit 99,9-prozentiger Wahrscheinlichkeit mindestens eine farbenblinde Person enthält? [n = 688]

7. Ein Tontaubenschütze hat eine Trefferwahrscheinlichkeit von 0,6. Wie oft muss er schießen, damit er mit mehr als 99,9-prozentiger Wahrscheinlichkeit mindestens einmal trifft? [n = 8]

8. Jedes Mitglied eines zehnköpfigen Ausschusses kommt mit einer Wahrscheinlichkeit von 60% zu den Sitzungen. Wie groß ist die Wahrscheinlichkeit (auf Zehntelprozent genau), dass pro Sitzung die für Beschlussfassungen notwendige 2/3-Mehrheit an anwesenden Mitgliedern erreicht wird? [38,2 %]

9. In einem elfköpfigen Ausschuss wird von vier Mitgliedern ein Antrag gestellt, die anderen sieben Mitglieder stimmen „zufällig" ab,

Stimmenthaltung gibt es nicht. Wie groß ist (auf ganze Prozent genau) die Wahrscheinlichkeit, dass der Antrag **a)** mit einfacher („absoluter") Mehrheit, **b)** mit 2/3-Mehrheit angenommen wird? [94 %, 50 %]

10. Bei einer Prüfung mit 10 Fragen sind zu jeder Frage vier Antworten möglich, davon ist eine richtig und drei falsch. **a)** Wie groß ist die Wahrscheinlichkeit, bei jeder Frage zufällig die richtige Antwort anzukreuzen? **b)** Wie groß ist die Chance (auf Zehntelprozent genau) für einen nicht vorbereiteten Kandidaten, die Prüfung zu bestehen, wenn dazu mindestens fünf Fragen richtig beantwortet werden müssen? [$P(10) \approx 10^{-6}$, $P(5 \leq X \leq 10) \approx 7,8$ %]

11. Vater und Tochter tragen eine Serie von Tennisspielen aus, wobei die Wahrscheinlichkeit, dass die Tochter gewinnt, 0,4 beträgt. **a)** Wie groß ist die Wahrscheinlichkeit (auf Prozent genau), dass die Tochter die Mehrzahl von 7 Spielen gewinnt? **b)** Wie oft müssen Vater und Tochter gegeneinander spielen, damit mit 99-prozentiger Wahrscheinlichkeit die Tochter mindestens ein Spiel gewinnt? [29 %, n = 10]

12. Ein Fallschirmspringer landet durchschnittlich bei fünf Sprüngen viermal im „Kreis". Wie groß ist die Wahrscheinlichkeit (auf Prozent genau), dass der Springer bei vier Sprüngen **a)** jedesmal, **b)** dreimal, **c)** wenigstens einmal im „Kreis" landet? [41 %, 41 %, 100%]

4.3 Ersatzfunktionen

Um etwa die Wahrscheinlichkeit herauszufinden, mit der bei 720 Würfelwürfen genau 130-mal dieselbe Augenzahl kommt, bedarf es der Rechnung $P(130) = \binom{720}{130} \cdot \left(\frac{1}{6}\right)^{130} \cdot \left(\frac{5}{6}\right)^{590}$, die heutzutage allerdings mit wissenschaftlichen Taschenrechnern unschwer zu bewältigen ist, sofern diese über eine nCr-Taste zur Ermittlung der Binomialkoeffizienten verfügen. Vor unserer Zeit war die Durchführung solcher Rechnungen allerdings sehr mühsam, was die Mathematiker dazu veranlasst hat, nach Funktionen zu suchen, welche P(X = k) für große n gut annähern und somit als (leichter handhabbare) *Ersatzfunktionen* f(k) für die Binomialverteilung dienen können.

Die beiden folgenden Funktionsgleichungen eignen sich ab n ≥ 30 recht gut, die erste allerdings nur für p ≤ 0,1 und die zweite für p ≥ 0,1 bis p ≤ 0,9:

$$f(k) = \frac{\mu^k}{k!} \cdot e^{-\mu}$$

$$f(k) = \frac{1}{\sigma \cdot \sqrt{2\pi}} \cdot e^{\frac{-z^2}{2}} \text{ mit } z = \frac{k-\mu}{\sigma}$$

Der in der oberen Formel stehende Funktionsterm nimmt für jeden Parameter μ und für alle $k = 0, 1, 2, ...$ positive Werte an, deren Summe 1 ergibt (ohne Beweis). Diese Werte können daher als Funktionswerte einer Wahrscheinlichkeitsfunktion interpretiert werden, deren Zufallsvariable X alle natürlichen Zahlen durchläuft. Die so definierte, hinsichtlich gewisser Anwendungen durchaus eigenständige Wahrscheinlichkeitsverteilung wird nach dem franz. Mathematiker Siméon D. POISSON (1781 – 1840) als *POISSON-Verteilung* bezeichnet.

Für n = 30, p = 0,1 ($\Rightarrow \mu = 3$) und k = 2 ergibt sich aus dieser Formel ein Näherungswert von etwa 0,224 gegenüber dem Wert P(2) ≈ 0,228. Die Approximation wird umso besser, je größer n und je kleiner p ist.

Die untere Formel definiert ebenfalls eine Exponentialfunktion, die nach ihrem Entdecker, dem deutschen Mathematiker Carl F. GAUSS als *GAUSSsche Funktion* bezeichnet wird.

Für n = 30, p = 0,1 ($\Rightarrow \mu = 3$, $\sigma^2 = 2,7$) und k = 2 ergibt sich aus dieser Formel ein (relativ schlechter) Näherungswert f(2) ≈ 0,202. Die Approximation wird umso besser, je größer n ist und je näher p bei 0,5 liegt. Zum Beispiel für n = 100 und p = 0,5 ($\Rightarrow \mu = 50$, $\sigma = 5$ und z = –2) ist P(40) = 0,010843... und f(40) = 0,010798....

Beispiel 1: Mit Hilfe der GAUSSschen Funktion ist die Wahrscheinlichkeit zu berechnen, **a)** mit einem Würfel bei 720 Würfen genau 130-mal dieselbe Augenzahl zu werfen, **b)** genau den Erwartungswert zu erreichen?

a) $n = 720$, $p = \frac{1}{6} \Rightarrow \mu = 120$, $\sigma = 10$, $k = 130 \Rightarrow z = \frac{130-120}{10} = 1 \Rightarrow$

$f(130) = \frac{1}{\sqrt{200\pi}} \cdot e^{-\frac{1}{2}} = (200\pi \cdot e)^{-0,5} \approx 0,024$ oder rund 2,4%

b) Für $k = 120$ ist $z = 0$ und $f(120) = \frac{1}{\sqrt{200\pi}} \cdot e^0 = (200\pi)^{-0,5} \cdot 1 \approx$ 0,03989 oder rund 4,0%

Beispiel 2: Für $k = 0, 1, 2, 3$ und 4 sind die Funktionswerte der GAUSSschen Funktion für $\mu = 2$ und $\sigma = 1$ auf drei Dezimalen genau zu berechnen und in einem Punktdiagramm fünffach überhöht zu veranschaulichen. Sodann ist durch die Punkte eine Kurve zu legen.

k	z	f(k)	5f(k)
0	−2	0,054	0,27
1	−1	0,242	1,21
2	0	0,399	1,99
3	1	0,242	1,21
4	2	0,054	0,27

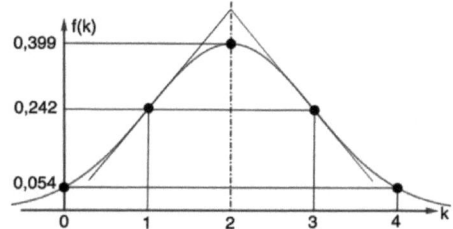

Vorschläge zum Selbermachen:

1. Es ist die Wahrscheinlichkeit zu berechen, dass beim Roulette innerhalb von 100 Spielen dreimal „zero" kommt **a)** nach der Formel für die Binomialverteilung, **b)** nach der Formel für die POISSON-Verteilung. [$P(3) = 0,22381\ldots$, $f(3) = 0,22053\ldots$]

2. Es ist näherungsweise die Wahrscheinlichkeit für den Erwartungswert einer Binomialverteilung mit $n = 500$ und $p = 0,05$ mit Hilfe der POISSON-Verteilung zu berechnen. [$f(25) = 0,07952\ldots$]

3. Eine Maschine produziert 2% Ausschuss. Mittels der POISSON-Verteilung ist die Wahrscheinlichkeit dafür zu berechnen, dass sich unter 200 Werkstücken mehr als 5 fehlerhafte befinden? [$1 - f(0) - f(1) - f(2) - f(3) - f(4) - f(5) = 0,21468\ldots$, also ca. 21 %]

4. Hinsichtlich einer Binomialverteilung mit $n = 100$ und $p = 0,5$ sind die auf der Vorseite angegebenen Ergebnisse $P(40) = 0,010843\ldots$ und $f(40) = 0,010798\ldots$ zu überprüfen.

5. Mit Hilfe der GAUSSschen Funktion ist die Wahrscheinlichkeit zu berechnen, dass bei 1.000 Münzwürfen die Münze zwischen 495- und 505-mal auf derselben Seite landet. [$\sum_{495}^{505}$ f(k) = 0,27209..., also ungefähr 27 %]

4.4 Stetige Verteilungen

Viele der für die Statistik relevanten Zufallsexperimente lassen sich durch diskrete Verteilungen nur unzureichend beschreiben, z. B. wenn es sich um die Merkmale Größe, Gewicht oder Lebenserwartung handelt. Denn tatsächlich kann hier die Zufallsvariable (innerhalb gewisser Grenzen) jeden reellen Wert annehmen, und man wird sich auch mehr für die Wahrscheinlichkeit innerhalb eines Intervalls (z. B. der Körpergröße zwischen 175 und 180 cm) interessieren als für die Wahrscheinlichkeit, mit der ein ganz bestimmtes Merkmal auftritt. Mehr noch: Da auch in einer noch so kleinen Umgebung eines bestimmten Wertes a unendlich viele andere Werte liegen, muss für jeden bestimmten Wert a der Zufallsvariablen X die Wahrscheinlichkeit P(X = a) = 0 sein.

In diesen Fällen spricht man von einer *stetigen Zufallsvariablen* und von einer *stetigen Verteilung*. Wegen P(X = a) = 0 für alle a der Definitionsmenge lässt sich die Wahrscheinlichkeitsverteilung einer stetigen Zufallsvariablen X nicht durch eine Wahrscheinlichkeitsfunktion kennzeichnen. An deren Stelle tritt vielmehr eine *Dichtefunktion* f(x) der Zufallsvariablen X.

Bei beliebig vorgegebenen Werten a < b wird die Wahrscheinlichkeit P(a < X < b) durch die Maßzahl der Fläche ausgedrückt, die von der Funktionskurve der Dichtefunktion f(x) und der x-Achse zwischen den Ordinaten x = a und x = b eingeschlossen wird. Jede Dichtefunktion f(x) muss daher der Bedingung genügen, dass der Gesamtflächeninhalt unter der Kurve den Wert 1 annimmt. In der Sprache der Integralrechnung bedeutet das: Zur Dichtefunktion f(x) gibt es eine *Stammfunktion* F(x), die für alle reellen Zahlen definiert ist und die im Intervall $-\infty < x < +\infty$ von 0 bis 1 monoton wächst. Jede solche Dichtefunktion definiert dann eine stetige Wahrscheinlichkeitsverteilung und F(x) wird als deren *Verteilungsfunktion* bezeichnet.

$$P(a \le X \le b) = \int_a^b f(x)dx = F(b) - F(a)$$

Wegen der Bedingung $P(X = a) = P(X = b) = 0$ ist es belanglos, ob die „Wahrscheinlichkeitsintervalle" als offen ($a < x < b$) oder als geschlossen ($a \le x \le b$) angesehen werden.

Im Folgenden gehen wir von einer Funktion mit der Gleichung $f(x) = \frac{1}{1+x^2}$ aus. Deren Funktionskurve hat im Punkt $H(0|1)$ einen Scheitel, zwei Wendepunkte $W_{12}(\pm\frac{\sqrt{3}}{3}|\frac{3}{4})$ und die x-Achse als Asymptote, welcher sich die Kurve für $x \to \pm\infty$ von oben her immer mehr annähert.

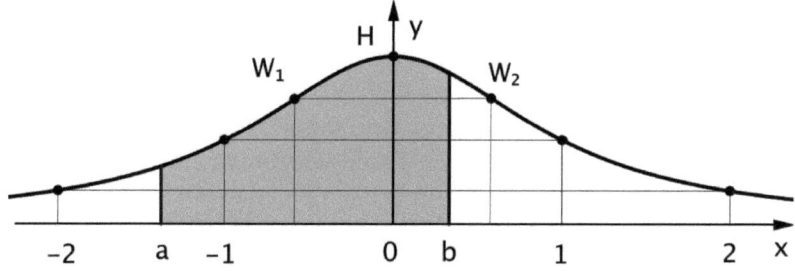

Bei der Funktion $f(x)$ handelt es sich um die 1. Ableitung der Arcustangens-Funktion, also käme jede Funktion mit der Gleichung $F(x) = \arctan x + C$ als Stammfunktion von $f(x)$ auch als Verteilungsfunktion in Frage. Für $C = \frac{\pi}{2}$ sind alle Funktionswerte nichtnegativ, was sich als günstig erweist, weil in diesem Fall $F(a)$ den Inhalt der gesamten unter der oben beschriebenen Kurve liegenden Fläche zwischen $-\infty$ und a angibt, insbesondere mit $F(\infty) = \pi$ den kompletten Flächeninhalt. Daraus lässt sich ein Flächeninhalt $A = 1$ FE gewinnen, wenn der Funktionsterm $\frac{1}{1+x^2}$ mit dem konstanten Faktor $\frac{1}{\pi}$ multipliziert wird, weil das auch dieselbe Veränderung bei der Stammfunktion zur Folge hat. Somit wäre $f(x) = (\pi + \pi \cdot x^2)^{-1}$ eine zumindest grundsätzlich geeignete Dichtefunktion und $F(x) = \frac{1}{\pi} \cdot (\arctan x + \frac{\pi}{2})$ die zugehörige Verteilungsfunktion, und es gilt z. B. $P(-1 < X < 1) = F(1) - F(-1) = 0,75 - 0,25 = 0,5$, siehe obige Zeichnung, sofern diese als um den Faktor π überhöht gedeutet wird.

In der praktischen Anwendung ist es allerdings nicht ausreichend, dass für eine Dichtefunktion f(x) die mathematischen Voraussetzungen erfüllt sind, sondern die mit Hilfe von f(x) bzw. F(x) berechnete Wahrscheinlichkeitsverteilung muss auch einer empirischen Untersuchung standhalten, also mit der Häufigkeitsverteilung in einer repräsentativen und ausreichend großen Stichprobe (annähernd) übereinstimmen.

Vorschläge zum Selbermachen:

1. Kurvendiskussion für die Funktion mit der Gleichung $f(x) = \frac{1}{1+x^2}$, also Berechnung des Scheitels und der Wendepunkte mit Hilfe der 1. und 2. Ableitung sowie Wertetabelle für alle ganzzahligen x zwischen -3 und +3.

2. Diskussion und Zeichnung der Funktionskurve zu $F(x) = \arctan x + \frac{\pi}{2}$, insbesondere ihrer Asymptoten und ihres Wendepunktes samt Wendetangente. (Die Funktionswerte der Arcustangens-Funktion erhält man auf allen wissenschaftlichen Taschenrechnern entweder über die tan-Taste (Umkehrung) oder mittels einer eigenen $\tan^{-1}$-Taste.)

3. Welche Wahrscheinlichkeiten liefert die Verteilungsfunktion $F(x) = \frac{1}{\pi} \cdot (\arctan x + \frac{\pi}{2})$ für **a)** $P(X < -1)$, **b)** $P(X < 1)$, **c)** $P(X < 2)$ **d)** $P(X > 2)$, **e)** $P(-3 < X < 3)$. [0,25; 0,75; ≈ 0,852; ≈ 0,148; ≈ 0,795]

4. Die Lebensdauer einer Pflanze (in Wochen) werde durch eine stetige Zufallsvariable X beschrieben, deren Verteilungsfunktion durch $F(x) = 1 - \frac{1}{1+x^2}$ mit $x \geq 0$ gegeben ist. Wie groß ist die Wahrscheinlichkeit, dass die Pflanze **a)** innerhalb von zwei Wochen eingeht, **b)** eine Lebensdauer zwischen zwei und drei Wochen besitzt, **c)** mehr als drei Wochen lebt? [0,8; 0,1; 0,1]

4.5 Die Normalverteilung

Von den in der Praxis vorkommenden stetigen Verteilungen ist jene die Wichtigste, der als Dichtefunktion die bereits auf Seite 58 genannte GAUSSsche Funktion zugrunde liegt. In der dort eingeführten Form liefern die Funktionswerte allerdings unmittelbar Näherungswerte für binomialverteilte diskrete Zufallsvariable, also für nichtnegative ganzzahlige Stellen k = 0, 1, 2, ... Als Dichtefunktion steht im Funktionsterm anstelle von k nunmehr x für alle reellen Zahlen und wird dieser mit dem Faktor σ erweitert, was zur Funktionsgleichung

$$f(x) = \frac{1}{\sqrt{2\pi}} \cdot e^{\frac{-z^2}{2}} \text{ mit } z = \frac{x-\mu}{\sigma}$$

führt. Eine stetige Wahrscheinlichkeitsverteilung mit einer solchen Dichtefunktion wird als *Normalverteilung* oder *GAUSS-Verteilung* bezeichnet. Die Parameter μ und σ werden im Allgemeinen auf empirischem Weg (d. h. als Mittelwert und Standardabweichung einer repräsentativen Stichprobe) ermittelt.

In der zu Beispiel 4.3.2 (Seite 59) gehörigen Zeichnung wurde die Kurve der GAUSSschen Funktion für μ = 2 und σ = 1 bereits vorweggenommen und in den „Vorschlägen" dieses Abschnitts sind weitere Angaben dazu für verschiedene Wertepaare (μ, σ) enthalten. Allen diesen Kurven ist die Glockenform gemeinsam und werden sie daher auch als *GAUSSsche Glockenkurven* bezeichnet. Sie alle haben die x-Achse zur Asymptote und eine dazu normale Symmetrale an der Stelle μ, auf welcher auch ihr Hochpunkt liegt, sowie zwei Wendepunkte an den Stellen μ − σ und μ + σ. Die Kurven sind umso höher und schmäler, je kleiner die Standardabweichung σ ist; für großes σ entsteht eine eher flache Kurve.

Im Sonderfall μ = 0 und σ = 1, was z = x zur Folge hat, verwendet man für die GAUSSsche Funktion die Symbole φ(x) oder φ(z) und für die zugehörige Stammfunktion die Symbole Φ(x) bzw. Φ(z). Die zugehörige Normalvertcilung wird als *Standardnormalverteilung* bezeichnet und verschiedentlich werden die Begriffe „GAUSSsche Funktion" und „GAUSSsche Glockenkurve" sogar auf diesen Sonderfall eingeschränkt.

Aus mathematischer Sicht hat die GAUSSsche Funktion den Nachteil, dass es keine Termdarstellung ihrer Stammfunktionen gibt. Der zwischen einer Glockenkurve und der x-Achse befindliche Flächeninhalt kann daher nur durch numerische Integration ermittelt werden. Das Ergebnis ist für jede Form der Glockenkurve gleich, nämlich A = 1 FE (ohne Beweis).

Die Funktionswerte von $\Phi(x)$ bzw. $\Phi(z)$ sind üblicherweise für alle Stellen zwischen 0,00 und 3,99 oder 4,09 auf fünf Dezimalen genau in Zahlentafeln mit dem Titel „Normalverteilungsfunktion" niedergelegt, die auch im Internet abrufbar sind. In diesem Büchlein sind sie auf den Seiten 72 und 73 ausgedruckt.

Für negative Stellen erübrigt sich zufolge der Symmetrie der Glockenkurve bezüglich der y-Achse eine Angabe der Funktionswerte, weil sich diese nach der Formel

$$\Phi(-z) = 1 - \Phi(z)$$

recht einfach herleiten lassen. Und die Werte dieser Zahlentafeln sind auch insofern ausreichend, als jeder Zufallsvariablen X mit $(\mu, \sigma) \neq (0, 1)$ bzw. jeder Zufallszahl x aufgrund des bereits bekannten Zusammenhanges $z = \frac{x-\mu}{\sigma}$ ein Zahlenwert z zugeordnet werden kann, wofür dann gilt:

$$F(x) = \Phi(z = \frac{x-\mu}{\sigma})$$

Diesen Vorgang bezeichnet man als die *Standardisierung* von X bzw. als Überführung der Zufallsvariablen X in die *standardisierte Zufallsvariable Z*.

Beispiel 1: Die Größe der Frauen eines bestimmten Volksstammes sei eine normalverteilte Zufallsvariable mit den (empirisch ermittelten) Parametern $\mu = 168$ cm und $\sigma = 6$ cm. Mit welchem Anteil von Frauen über 180 cm Körpergröße ist zu rechnen?

Die gesuchte Wahrscheinlichkeit $P(X > 180)$ entspricht der Fläche unter der Glockenkurve der Standardverteilung rechts von $z = \frac{180-168}{6} = 2$, also $P(X > 180) = 1 - \Phi(2) \approx 1 - 0,97725 \approx 0,02275$ oder rund 2,3%.

Beispiel 2: Die durchschnittliche Lebenserwartung eines österreichischen Mannes sei normalverteilt mit einem Mittelwert von 79 Jahren und mit einer Standardabweichung von 6 Jahren (Daten aus 2020). Man bestimme ein symmetrisches Intervall um den Mittelwert, sodass 80% aller Beobachtungswerte einer Stichprobe in diesem Intervall erwartet werden können.

$\mu = 79$, $\sigma = 6$: Gesucht ist eine Zahl $c > 0$, sodass $P(79 - c < X < 79 + c) = 0,8$ wird. Standardisierung: $z_1 = (79 - c - 79) : 6 = -\frac{c}{6}$ und $z_2 = (79 + c - 79) : 6 = \frac{c}{6}$. Links von z_1 und rechts von z_2 darf die Wahrscheinlichkeit nur je 0,1 betragen, also $\Phi(z_1) = 0,1$ und $\Phi(z_2) = 0,9$. Das entspricht einem z_2 von etwa 1,28, weil laut Tabelle $\Phi(1,28) \approx 0,9$ ist. Also ist $c \approx 6 \cdot 1,28 \approx 7,7$ Jahre $\Rightarrow 71,3 < X < 86,7$.

Vorschläge zum Selbermachen:

1. Kurvendiskussion für eine GAUSSsche Funktion mit folgenden Parametern: **a)** $\mu = 0$, $\sigma = 1$, **b)** $\mu = 0$, $\sigma = 2$, **c)** $\mu = 0$, $\sigma = 0,5$. Mit Verwendung der Wendetangenten ist der Kurvenverlauf für $-3 \leq x \leq 3$ fünffach überhöht darzustellen.

2. Die Körpergröße von Kindern einer bestimmten Altersgruppe sei normalverteilt mit dem Erwartungswert $\mu = 95$ cm und der Standardabweichung $\sigma = 10$ cm. Welche Prozentssätze (auf Ganze genau) sind zu erwarten hinsichtlich der Kinder, die **a)** größer als 100 cm, **b)** zwischen 85 und 95 cm groß sind? [31 %, 34 %]

3. Intelligenztests werden i. A. so zusammengestellt, dass sich für den Intelligenzquotienten Q (als Zufallsvariabler) in der erwachsenen Bevölkerung annähernd eine Normalverteilung mit dem Erwartungswert $\mu = 100$ und der Standardabweichung $\sigma = 15$ ergibt. Es ist auf ganze Prozent genau die Wahrscheinlichkeit zu berechnen, dass eine zufällig ausgewählte Person einen Intelligenz-Quotienten **a)** zwischen 90 und 110, **b)** von mindestens 80, **c)** größer als 130 hat. [50 %, 91 %, 2,3 %]

4. Eine Maschine füllt Mehlsäcke so, dass die Masse des eingefüllten Mehls normalverteilt ist mit dem Erwartungswert $\mu = 1.015$ g und der

Standardabweichung $\sigma = 25$ g. **a)** Auf den Säcken steht: „Füllgewicht 985 g". Wieviel Prozent (auf Ganze genau) der Säcke sind voraussichtlich untergewichtig? **b)** Auf welchen Erwartungswert (auf Gramm genau) muss die Maschine bei $\sigma = 25$ g eingestellt werden, damit nur 2 % der Säcke untergewichtig werden? [12 %, 1.037g]

5. Eine Brauerei füllt Bier in Flaschen ab. Das Volumen der eingefüllten Flüssigkeit sei normalverteilt mit dem Mittelwert $\mu = 520$ ml und der Standardabweichung $\sigma = 16$ ml. Auf den Flaschen ist ein Inhalt von 0,5 l angegeben. **a)** Wieviel Prozent (auf Ganze genau) der Flaschen haben voraussichtlich weniger als 0,5 l Inhalt? **b)** Wie groß (auf ml genau) müsste – bei gleicher Standardabweichung – der Mittelwert sein, damit nur 3 % der Flaschen einen zu geringen Inhalt aufweisen? **c)** Auf welchen Wert (auf ml genau) müsste – für $\mu = 520$ ml – die Standardabweichung abgesenkt werden, damit nur 1 % der Flaschen untergewichtig sind? [11 %, 531 ml, 8 ml]

6. Die Lebensdauer X (in km) einer Reifensorte sei normalverteilt mit $\mu = 50.000$ km und $\sigma = 5.000$ km. **a)** Bei wieviel Prozent (auf Ganze genau) der Reifen übersteigt die Lebensdauer voraussichtlich 65.000 km? **b)** Wie groß muss (auf 100 km genau) die mittlere Lebensdauer der produzierten Serie sein, damit (bei gleicher Standardabweichung) höchstens 2,5 % der Reifen eine Lebensdauer von weniger als 40.000 km haben? [0 %, 49.800 km]

7. Die Dicke von Spanplatten sei normalverteilt mit $\mu = 19$ mm und $\sigma = 0,03$ mm. **a)** Wieviel Ausschuss (auf ganze Prozent genau) ist zu erwarten, wenn die Platten nicht mehr als 0,05 mm vom Sollwert abweichen dürfen? **b)** Wie müsste die Toleranzgrenze (auf Hundertstelmillimeter genau) gewählt werden, damit 98 % der Platten auf den Markt gebracht werden können? [10 %, 0,07 mm]

8. Maschinell erzeugte Schrauben haben eine durchschnittliche Länge von 15 mm mit einer Standardabweichung von 0,2 mm. Die Länge der Schrauben sei normalverteilt. **a)** Wie muss man die Toleranzgrenzen (auf Hundertstelmillimeter genau) wählen, wenn der Ausschuss höchstens 10 % ausmachen soll? **b)** Für welchen Wert der Standardabweichung (auf Hundertstelmillimeter genau) beträgt die Wahrscheinlichkeit, dass keine Schraube länger als 15,2 mm wird, 97,5 %? [0,33 mm, 0,10 mm]

9. Die Massen von Hühnereiern seien normalverteilt mit $\mu = 60$ g und $\sigma = 15$ g. Sie sollen in drei Klassen (K, M, G) eingeteilt werden, sodass der Anteil jeweils etwa gleich groß ist. Bei welchen Massen (auf ganze g genau) sind die Grenzen zu ziehen? [Bei 54 g und bei 66 g]

10. Eine Anlage füllt mit $\sigma = 0,5$ ml Zahnpaste in Tuben, sodass die Füllmengen normalverteilt sind. **a)** Auf welchen Mittelwert (auf Hundertstelmilliliter genau) muss die Anlage eingestellt werden, wenn der Hersteller seinen Kunden garantieren will, dass höchstens 3 % der Tuben weniger als 50 ml enthalten? **b)** Wieviel Prozent der Tuben (auf Ganze genau) enthalten dann vermutlich mehr als 51,5 ml? [50,94 ml, 13 %]

11. In einer Fabrik, die Tafelglas erzeugt, wird im Zug von Qualitätskontrollen die Dicke der Glasplatten laufend überprüft. Eine Stichprobe von 20 Platten ergab folgende Ergebnisse (in mm): 4,20, 4,35, 3,75, 4,05, 4,00, 3,95, 3,80, 4,10, 3,60, 3,55, 4,10, 4,00, 4,40, 3,95, 4,05, 4,15, 3,85, 3,65, 4,30, 4,20. **a)** Es sind der Mittelwert und die Standardabweichung dieser Stichprobe zu berechnen. **b)** Die Dicke der Glasplatten sei normalverteilt mit den aus der Stichprobe gewonnenen Parametern. Wie hoch ist der zu erwartende Ausschuss, wenn eine Toleranz von ± 0,3 mm vom Kunden akzeptiert wird? [m = 4 mm, $\sigma \approx 0,2361$ mm, ca. 20 %]

12. In einer Fabrik, die Spanplatten erzeugt, wird im Zug von Qualitätskontrollen die Dicke der Platten laufend überprüft. Eine Stichprobe von 20 Platten ergab folgende Ergebnisse (in mm): 19,20, 19,30, 18,75, 19,05, 19,00, 18,95, 18,80, 19,10, 18,65, 18,65, 19,10, 19,00, 19,30, 18,95, 19,05, 19,15, 18,85, 18,70, 19,25, 19,20. **a)** Es sind der Mittelwert und die Standardabweichung dieser Stichprobe zu berechnen. **b)** Die Dicke der Spanplatten sei normalverteilt mit den aus der Stichprobe gewonnenen Parametern. Wie hoch ist der zu erwartende Ausschuss, wenn eine Toleranz von ± 0,3 mm vom Kunden akzeptiert wird? [m = 19 mm, $\sigma \approx 0,2043$ mm, ca. 14 %]

4.6 Binomialverteilung und Normalverteilung

Der obere Rand der Histogramme von Binomialverteilungen nimmt für wachsende n immer mehr die Form einer Glockenkurve an. Der Umstand, dass der Flächeninhalt der Histogrammstreifen ein Maß für die zugehörigen Wahrscheinlichkeiten ist (Abschnitt 4.2, Seite 53), legt die Vermutung nahe, dass die Normalverteilung die aus der Binomialverteilung durch den Grenzübergang n → ∞ hervorgehende Wahrscheinlichkeitsverteilung ist. Das in Abschnitt 4.3 genannte Verfahren, mit dem für einzelne Werte einer binomialverteilten Zufallsvariablen Wahrscheinlichkeiten mit Hilfe der GAUSSschen Funktion näherungsweise ermittelt werden können, erhärtet dies.

In der Praxis wird dieser Umstand dazu genützt, auch bei einer binomialverteilten Zufallsvariablen X Wahrscheinlichkeiten der Art P(a ≤ X ≤ b) nach der Methode der Normalverteilung zu berechnen. (Das Symbol ≤ anstelle von < ist hier jedenfalls gerechtfertigt, weil es sich jetzt um eine diskrete Verteilung mit ganzzahligen Grenzen handelt.) Die Parameter μ und σ ergeben sich in diesem Fall aus den bekannten Formeln $\mu = n \cdot p$ und $\sigma^2 = n \cdot p \cdot (1 - p)$. In der Praxis zeigt sich allerdings, dass für kleine Varianzen die Fläche unter der Glockenkurve im Vergleich zur Summe der zugehörigen Rechtecksflächen zu gering ausfällt, um eine gute Näherung zu gewährleisten. Als Faustregel gilt, dass die Normalverteilung anstelle der Binomialverteilung ohne Korrekturmaßnahme (siehe nächste Seite) erst ab einer Varianz von $\sigma^2 > 9$ annähernd genau ist.

Beispiel 1:. Bei der Generalversammlung eines Vereins, an der 240 stimmberechtigte Mitglieder teilnehmen, wird ein Antrag gestellt, den 30 Mitglieder befürworten, während die anderen „zufällig" (d. h. mit p = 0,5 dafür und q = 0,5 dagegen) abstimmen. Stimmenthaltung ist nicht gestattet. Wie groß ist die Wahrscheinlichkeit, dass der Antrag mit einfacher Mehrheit, also mit mindestens 121 Stimmen, angenommen wird?

Die Zufallsvariable X ist die Anzahl der Befürworter des Antrags über die 30 sicheren Befürworter hinaus. $N = 210$ Mitgliedern stimmen „zufällig" mit $p = 0,5$ ab, davon müssen mindestens $121 - 30 = 91$ positiv abstimmen. Gesucht ist also $P(91 \leq X)$ für $\mu = 210 \cdot 0,5 = 105$ und $\sigma^2 = 105 \cdot 0,5 = 52,5$. Standardisierung: $z = \frac{91-105}{\sqrt{52,5}} \approx -1,93$. Daraus folgt, weil die maßgebende Fläche rechts von $z = -1,93$ genau so groß ist wie die Fläche links von $z = 1,93$: $P(91 \leq X) \approx P(-1,93 < Z) \approx \Phi(1,93) \approx 0,97320 \approx 97\,\%$.

Die schon angedeutete *Stetigkeitskorrektur* für kleinere Varianzen und insbesondere für $\sigma^2 \leq 9$ besteht darin, die linke Grenze des Intervalls [a, b] um 0,5 nach links und die rechte Grenze um 0,5 nach rechts zu rücken. Die Zeichnung belegt den Sinn dieser Maßnahme.

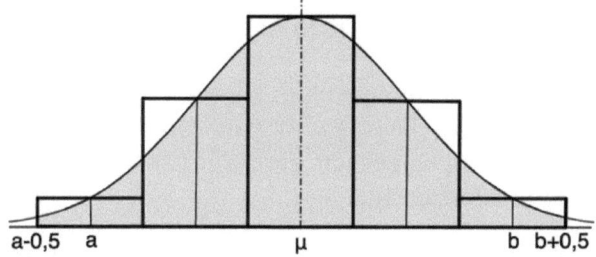

Danach ergäbe sich in Beispiel 1 der linke Wert $\bar{a} = 90,5$, damit $\bar{z} \approx -2,00$ und $\Phi(2,00) \approx 0,97725$, also ca. 98 %. Gegenüber dem mittels Binomialverteilung ermittelten genauen Wert von 0,97744... ist die Abweichung daher doch um vieles geringer.

Mittels Stetigkeitskorrektur können auch für einzelne Werte einer binomialverteilten Zufallsvariablen Wahrscheinlichkeiten mittels Normalverteilung näherungsweise berechnet werden, wiewohl da die GAUSSsche Funktion ebenso rasch genauere Werte zu liefern imstande ist.

Beispiel 2: Wie groß ist die Wahrscheinlichkeit, bei 18.000 Würfen mit einem Würfel genau 2.850-mal eine „Sechs" zu würfeln?

Erwartungswert $\mu = 18000 \cdot \frac{1}{6} = 3000$ und $\sigma = \sqrt{2500} = 50$, daher $\bar{z}_1 = \frac{2849,5 - 3000}{50} = -3,01$ und $\bar{z}_2 = \frac{2850,5 - 3000}{50} = -2,99$. $\Phi(-2,99) - \Phi(-3,01) = \Phi(3,01) - \Phi(2,99) = 0,99869 - 0,99861 = 0,00008$; genauer geht es mit den fünfstelligen Tafeln nicht.

GAUSS-Funktion: $z = \frac{2850 - 3000}{50} = -3 \Rightarrow f(2850) \approx \frac{1}{50 \cdot \sqrt{2\pi}} \cdot e^{-4,5} = 0,0000886\ldots$ Mittels Binomialverteilung: $P(2850) = 0,0000851\ldots$

Vorschläge zum Selbermachen:

1. Erfahrungsgemäß kommen bei einer Aufforstung mit jungen Fichten 35% nicht auf. 500 Bäumchen werden gepflanzt. **a)** Für die Zufallsvariable „Anzahl der aufkommenden Fichten" sind der Erwartungswert und die Standardabweichung (auf drei Dezimalen genau) zu berechnen. **b)** Mittels Normalverteilung ist (auf ganze Prozent genau) die Wahrscheinlichkeit zu berechnen, dass mindestens 320 und höchstens 335 Bäumchen aufkommen. [**a)** $\mu = 325$, $\sigma \approx 10,665$]

2. Eine Maschine, die Computerchips herstellt, produziert erfahrungsgemäß 4 Prozent Ausschuss. Es ist (auf ganze Prozent genau) die Wahrscheinlichkeit zu berechnen, dass von 1.000 produzierten Chips mindestens 950 fehlerfrei sind.

3. Eine Umfrage ergibt, dass 85 Prozent der Bevölkerung ein bestimmtes im Fernsehen beworbenes Produkt kennt. Wie groß ist (auf ganze Prozent genau) die Wahrscheinlichkeit, dass unter 500 zufällig ausgewählten Personen mindestens 440 dieses Produkt kennen?

4. Ein Reiseunternehmen chartert ein Flugzeug, das 250 Passagiere aufnehmen kann. Da gebuchte Plätze mit der Wahrscheinlichkeit 0,1 nicht belegt werden, nimmt das Reiseunternehmen für den Flug 275 Buchungen an. Wie groß (auf ganze Prozent genau) ist die Wahrscheinlichkeit, dass alle Personen, welche diesen Flug wirklich antreten wollen, dies auch können?

5. Ein 330-Betten-Hotel in Rom nimmt für die Osterfeiertage 350 Gäste-Buchungen, da erfahrungsgemäß 8 Prozent der angemeldeten

Gäste nicht kommen. Wie groß (auf ganze Prozent genau) ist die Wahrscheinlichkeit, dass alle im Hotel ankommenden Gäste dort untergebracht werden können?

6. Ein Student soll dreihundert Fragen beantworten, wobei für jede Frage eine von drei vorgegebenen Antworten die Richtige ist. Der Student ist nicht vorbereitet und kreuzt „auf gut Glück" an. **a)** Man betrachte zuerst nur die ersten fünf Fragen: Wie groß (auf ganze Prozent genau) ist die Wahrscheinlichkeit, dass der Student mehr richtig als falsch ankreuzt? **b)** Wie groß (auf Zehntelprozent genau) ist die Wahrscheinlichkeit, dass von den 300 Fragen mindestens 120 richtig beantwortet werden? [**a)** 21 %]

7. Die Füllmenge beim Abfüllen von Milch in Ein-Liter-Packungen sei normalverteilt mit dem Erwartungswert $\mu = 1.030$ g (≈ 1 Liter) und der Standardabweichung $\sigma = 10$ g. **a)** Wieviel Prozent (auf Ganze genau) Ausschuss ist zu erwarten, wenn die Füllmenge höchstens 14 g vom Erwartungswert abweichen darf? **b)** Die Milchpackungen werden in Kartons zu je 16 Stück verpackt. Wie groß (auf ganze Prozent genau) ist die Wahrscheinlichkeit, dass dabei höchstens zwei untergewichtig sind, wenn durchschnittlich ca. 8 Prozent aller Milchpackungen untergewichtig sind? [16 %, 87 %]

LÖSUNGEN	Ohne Stetig-keitskorrektur	Mit Stetig-keitskorrektur	Nach Binomi-alverteilung
Aufgabe **1b**	51 %	53 %	53,6 %
Aufgabe **2**	95 %	93,7 %	93,4 %
Aufgabe **3**	97 %	97,4 %	97,65 %
Aufgabe **4**	69 %	72,6 %	72,1 %
Aufgabe **5**	94 %	95,3 %	95,9 %
Aufgabe **6b**	0,7%	0,6 %	0,66 %

z	0	1	2	3	4	5	6	7	8	9
0,00	0,50000	0,50399	0,50798	0,51197	0,51595	0,51994	0,52392	0,52790	0,53188	0,53586
0,10	0,53983	0,54380	0,54776	0,55172	0,55567	0,55962	0,56356	0,56749	0,57142	0,57535
0,20	0,57926	0,58317	0,58706	0,59095	0,59483	0,59871	0,60257	0,60642	0,61026	0,61409
0,30	0,61791	0,62172	0,62552	0,62930	0,63307	0,63683	0,64058	0,64431	0,64803	0,65173
0,40	0,65542	0,65910	0,66276	0,66640	0,67003	0,67364	0,67724	0,68082	0,68439	0,68793
0,50	0,69146	0,69497	0,69847	0,70194	0,70540	0,70884	0,71226	0,71566	0,71904	0,72240
0,60	0,72575	0,72907	0,73237	0,73565	0,73891	0,74215	0,74537	0,74857	0,75175	0,75490
0,70	0,75804	0,76115	0,76424	0,76730	0,77035	0,77337	0,77637	0,77935	0,78230	0,78524
0,80	0,78814	0,79103	0,79389	0,79673	0,79955	0,80234	0,80511	0,80785	0,81057	0,81327
0,90	0,81594	0,81859	0,82121	0,82381	0,82639	0,82894	0,83147	0,83398	0,83646	0,83891
1,00	0,84134	0,84375	0,84614	0,84849	0,85083	0,85314	0,85543	0,85769	0,85993	0,86214
1,10	0,86433	0,86650	0,86864	0,87076	0,87286	0,87493	0,87698	0,87900	0,88100	0,88298
1,20	0,88493	0,88686	0,88877	0,89065	0,89251	0,89435	0,89617	0,89796	0,89973	0,90147
1,30	0,90320	0,90490	0,90658	0,90824	0,90988	0,91149	0,91309	0,91466	0,91621	0,91774
1,40	0,91924	0,92073	0,92220	0,92364	0,92507	0,92647	0,92785	0,92922	0,93056	0,93189
1,50	0,93319	0,93448	0,93574	0,93699	0,93822	0,93943	0,94062	0,94179	0,94295	0,94408
1,60	0,94520	0,94630	0,94738	0,94845	0,94950	0,95053	0,95154	0,95254	0,95352	0,95449
1,70	0,95543	0,95637	0,95728	0,95818	0,95907	0,95994	0,96080	0,96164	0,96246	0,96327
1,80	0,96407	0,96485	0,96562	0,96638	0,96712	0,96784	0,96856	0,96926	0,96995	0,97062
1,90	0,97128	0,97193	0,97257	0,97320	0,97381	0,97441	0,97500	0,97558	0,97615	0,97670

z	0	1	2	3	4	5	6	7	8	9
2,00	0,97725	0,97778	0,97831	0,97882	0,97932	0,97982	0,98030	0,98077	0,98124	0,98169
2,10	0,98214	0,98257	0,98300	0,98341	0,98382	0,98422	0,98461	0,98500	0,98537	0,98574
2,20	0,98610	0,98645	0,98679	0,98713	0,98745	0,98778	0,98809	0,98840	0,98870	0,98899
2,30	0,98928	0,98956	0,98983	0,99010	0,99036	0,99061	0,99086	0,99111	0,99134	0,99158
2,40	0,99180	0,99202	0,99224	0,99245	0,99266	0,99286	0,99305	0,99324	0,99343	0,99361
2,50	0,99379	0,99396	0,99413	0,99430	0,99446	0,99461	0,99477	0,99492	0,99506	0,99520
2,60	0,99534	0,99547	0,99560	0,99573	0,99585	0,99598	0,99609	0,99621	0,99632	0,99643
2,70	0,99653	0,99664	0,99674	0,99683	0,99693	0,99702	0,99711	0,99720	0,99728	0,99736
2,80	0,99744	0,99752	0,99760	0,99767	0,99774	0,99781	0,99788	0,99795	0,99801	0,99807
2,90	0,99813	0,99819	0,99825	0,99831	0,99836	0,99841	0,99846	0,99851	0,99856	0,99861
3,00	0,99865	0,99869	0,99874	0,99878	0,99882	0,99886	0,99889	0,99893	0,99896	0,99900
3,10	0,99903	0,99906	0,99910	0,99913	0,99916	0,99918	0,99921	0,99924	0,99926	0,99929
3,20	0,99931	0,99934	0,99936	0,99938	0,99940	0,99942	0,99944	0,99946	0,99948	0,99950
3,30	0,99952	0,99953	0,99955	0,99957	0,99958	0,99960	0,99961	0,99962	0,99964	0,99965
3,40	0,99966	0,99968	0,99969	0,99970	0,99971	0,99972	0,99973	0,99974	0,99975	0,99976
3,50	0,99977	0,99978	0,99978	0,99979	0,99980	0,99981	0,99981	0,99982	0,99983	0,99983
3,60	0,99984	0,99985	0,99985	0,99986	0,99986	0,99987	0,99987	0,99988	0,99988	0,99989
3,70	0,99989	0,99990	0,99990	0,99990	0,99991	0,99991	0,99992	0,99992	0,99992	0,99992
3,80	0,99993	0,99993	0,99993	0,99994	0,99994	0,99994	0,99994	0,99995	0,99995	0,99995
3,90	0,99995	0,99995	0,99996	0,99996	0,99996	0,99996	0,99996	0,99996	0,99997	0,99997

Abschnitt 5:

Ergänzungen

In diesem Abschnitt geht es um Methoden der *beurteilenden Statistik*, mit deren Hilfe Intervalle festgelegt werden können, in denen aufgrund bekannter Werte in einer Grundgesamtheit G die Werte in einer Stichprobe S ⊂ G zu erwarten sind, oder umgekehrt. Alle Prognosen hinsichtlich des Ausganges von Wahlentscheidungen in größeren Wahlkörpern beruhen darauf, aus Stichprobenwerten einen Rahmen abzustecken, in dem der Wahlausgang mit einer gewissen Sicherheit erwartet werden kann. In diesem Zusammenhang erfährt dann auch das Gesetz der großen Zahlen eine mathematische Begründung. Und zuletzt wird noch das von Andrej N. KOLMOGOROV erstellte Axiomensystem der Wahrscheinlichkeitsrechnung vorgestellt.

5.1 Schätzbereiche für Häufigkeiten

Ein *Schätzbereich* (genauer: γ-Schätzbereich) ist ein symmetrisch um den Erwartungswert $\mu = n \cdot p$ angeordnetes Intervall von Häufigkeiten, die in einer repräsentativen Stichprobe S von n Elementen mit einem (hohen) Prozentsatz γ zu erwarten sind, wenn die entsprechende Wahrscheinlichkeit p entweder als relativer Anteil der günstigen Fälle in einer zugehörigen Grundgesamtheit G oder als Wahrscheinlichkeit von Zufallsexperimenten vorgegeben ist. Die Berechnung erfolgt auf der Basis von n-p-binomialverteilten Zufallsvariablen näherungsweise mit Hilfe der Normalverteilung, sofern die Bedingung $\sigma^2 = n \cdot p \cdot (1 - p) \geq 9$ erfüllt ist.

Beispiel 1: Ein fairer Würfel wird 600-mal geworfen. Es ist für $\gamma = 95$ % ein Schätzbereich für die relative und absolute Häufigkeit zu erstellen, dass der Würfel auf 1 oder auf 2 fällt.

Wegen $p = \frac{1}{3}$ ist $\mu = 200$ sowie $\sigma^2 = 200 \cdot \frac{2}{3} \approx 133$, und in der damit erlaubten Normalverteilung soll $\Phi(z_1 < z < z_2) = 0{,}95$ ausmachen. Das macht für $\Phi(z_1) = 0{,}025$ und für $\Phi(z_2) = 0{,}975$, damit nach Tabelle z_2

$\approx 1,96$ und $z_1 \approx -1,96$. Nach der Formel $z = \frac{x - \mu}{\sigma} \Rightarrow x = \mu + z \cdot \sigma$ folgt daraus $x_1 \approx 200 - 22,63 = 177,37$ und $x_2 \approx 222,63$, somit 178 bzw. 222 Würfe als Grenzen für die absoluten sowie $h_1 \approx 0,2956$ und $h_2 \approx 0,371$ als Grenzen für die relativen Häufigkeiten.

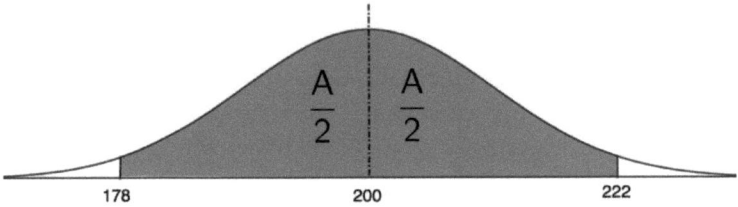

Im Weiteren wird $z_2 = z > 0$ geschrieben; das symmetrische Flächen-stück unter der GAUSS-Kurve hat dann den Inhalt

$$A = 2 \cdot \Phi(z) - 1$$

mit dem in den Tafeln genannten Wert $\Phi(z)$, weil jedes der beiden Randstücke den Wert $1 - \Phi(z)$ besitzt, was auf $A = 1 - 2 \cdot (1 - \Phi(z))$ und damit auf die obige Formel hinausläuft. Hinsichtlich eines γ-Schätzbereichs gilt $A = \gamma$ und $\Phi(z) = \frac{1+\gamma}{2}$. Die Werte $\gamma = 0,95$ ($\Rightarrow z \approx 1,96$) und $\gamma = 0,99$ ($\Rightarrow z \approx 2,575$) werden dabei bevorzugt.

Bezeichnen nun $H_1 = n \cdot h_1 = \mu - z \cdot \sigma$ und $H_2 = n \cdot h_2 = \mu + z \cdot \sigma$ die Grenzen eines γ-Schätzbereiches für absolute bzw. relative Häufigkei-ten in eines Stichprobe S, so ergibt wegen $\mu = n \cdot p$ und $\sigma = \sqrt{n \cdot p \cdot (1 - p)}$ die Division durch n die Formeln

$$h_1 = p - z \cdot \sqrt{\frac{p \cdot (1-p)}{n}} \text{ und } h_2 = p + z \cdot \sqrt{\frac{p \cdot (1-p)}{n}}$$

Auf Beispiel 1 angewendet ergibt das $h_1 \approx 0,2956$ und $h_2 \approx 0,371$, wo-mit sich das obige Ergebnis bestätigt.

Beispiel 2: In einer Großstadt haben 1,2 Mio. Einwohner an einer Be-fragung hinsichtlich einer Olympiade-Bewerbung teilgenommen, wobei sich 450.000 dagegen ausgesprochen haben. Wieviele Gegner sind dann bei einer Schätz-Genauigkeit von $\gamma = 0,99$ in einer repräsentativen Stichprobe mit n = 500 Personen zu erwarten?

$p = \dfrac{450000}{1200000} = \dfrac{3}{8}$ und $\sigma^2 = 500 \cdot \dfrac{15}{64} \approx 117$. Für $\Phi(z) = 0,995$ ist $z \approx 2,575$.

Daraus ergibt sich $h_{12} \approx 0,375 \pm 2,575 \cdot \sqrt{\dfrac{15}{64 \cdot 500}} \approx 0,375 \pm 0,056$. Die mit 99-prozentiger Wahrscheinlichkeit zu erwartenden relativen Häufigkeiten liegen also zwischen $h_1 \approx 0,319$ und $h_2 \approx 0,431$, sodass in der Stichprobe zwischen 160 und 215 Nein-Wähler zu erwarten sind. Wird de facto eine der beiden Grenzen merklich verletzt, so liegt offenbar keine repräsentative Stichprobe vor, was z. B. dann der Fall ist, wenn die Alters- oder die Sozialstruktur der Personen in der Stichprobe von jener in der Grundgesamtheit erheblich abweicht.

Beispiel 3: Eine Münze wird 250-mal geworfen und h sei die relative Häufigkeit, dass Kopf/Wappen kommt. Mit welcher Wahrscheinlichkeit γ gilt dann **a)** $0,5 - 0,03 < h < 0,5 + 0,03$, **b)** $0,5 - 0,05 < h < 0,5 + 0,05$?

Wegen $\sigma^2 = 62,5$ ist die Normalverteilung anwendbar und es ist: **a)** $0,03 = z \cdot \sqrt{\dfrac{1}{1000}} \Rightarrow z^2 = 1000 \cdot 0,0009 = 0,9 \Rightarrow z \approx 0,95$ und $2 \cdot \Phi(0,95)$ $- 1 \approx 2 \cdot 0,829 - 1 \approx 0,658 \Rightarrow \gamma \approx 66 \%$.

b) $0,05 = z \cdot \sqrt{\dfrac{1}{1000}} \Rightarrow z^2 = 1000 \cdot 0,0025 = 2,5 \Rightarrow z \approx 1,58$ und $2 \cdot \Phi(1,58)$ $- 1 \approx 2 \cdot 0,943 - 1 \approx 0,886 \Rightarrow \gamma \approx 89 \%$.

Eine Hundert-Prozent-Sicherheit dafür, dass alle Häufigkeitswerte innerhalb der durch die Rechnung ermittelten Intervallgrenzen liegen, darf für z = 4 erwartet werden, wofür $\Phi(z)$ bereits um weniger als $3 \cdot 10^{-5}$ von 1 abweicht.

Vorschläge zum Selbermachen:

1. 1000-maliger Münzwurf: Wie groß ist das γ in einem von 460 und 540 Ausfällen auf Kopf/Wappen begrenzten Schätzbereich? [98,9 %]

2. Eine Firma produziert DVD-Player mit einer Fehlerquote von 3 %. Wieviele fehlerhafte Geräte sind mit 90 % Sicherheit in einer Stichprobe von 400 Stück zu erwarten? [Zwischen 6 und 18 Stück.]

3. Erfahrungsgemäß bestehen 80 % aller Fahrschüler die theoretische Führerscheinprüfung im ersten Anlauf. Wieviele positive Ergebnisse sind bei einer Stichprobe von 100 Personen innerhalb eines 95-Prozent-Schätzbereiches zu erwarten? [72 bis 88.]

5.2 Das Gesetz der großen Zahlen

Ist E ein Ereignis eines Zufallsexperiments, so stabilisieren sich bei einer hinreichend großen Anzahl n von Durchführungen dieses Experiments die zugehörigen relativen Häufigkeiten h_n (E).

So formulierte Jakob BERNOULLI das bereits auf den Seiten 21 und 41 genannte empirische *Gesetz der großen Zahlen*, welches auf Wahrscheinlichkeiten noch gar keinen Bezug nimmt. Die in Abschnitt 5.1 abgeleiteten Formeln $h_1 = p - z \cdot \sqrt{\frac{p \cdot (1-p)}{n}}$ und $h_2 = p + z \cdot \sqrt{\frac{p \cdot (1-p)}{n}}$ für Häufigkeitsverteilungen bei n-p-binomialverteilten BERNOULLI-Experimenten und deren gute Annäherung durch eine Normalverteilung für große n bzw. $\sigma^2 = n \cdot p \cdot q \geq 9$ mit $q = 1 - p$ erlaubt es, dieses Gesetz nun auch mathematisch zu begründen und mit berechneten Wahrscheinlichkeiten in Zusammenhang zu bringen.

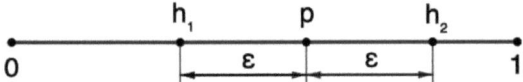

Für die in der Zeichnung mit ε bezeichnete Strecke bzw. Streckenlänge gilt $\varepsilon = z \cdot \sqrt{\frac{p \cdot (1-p)}{n}}$ und nimmt diese Zahl bei konstantem z = 4 ($\Rightarrow \gamma \approx 100$ %) und 0 < p < 1 für wachsende n ständig ab, bis sie für n $\rightarrow \infty$ überhaupt den Wert 0 erreicht.

Beispiel: Für z = 4, p = 0,25 und sechs verschiedene n zwischen 70 und 100.000 ergibt die Rechnung folgende ε-Werte:

n	70	300	1.000	3.000	10.000	100.000
$\varepsilon \approx$	0,207	0,100	0,055	0,032	0,017	0,005

$2n \cdot \varepsilon$ beschreibt die Breite des Intervalls, in welcher die absoluten Häufigkeiten H um den Mittelwert μ liegen, wenn z. B. n-mal aus einer Urne gezogen wird, in welcher sich eine weiße und drei schwarze Kugeln befinden. Für H(W) und $\mu = n \cdot 0,25$ sowie H(S) und $\mu = n \cdot 0,75$ ergibt sich dabei stets dieselbe Intervallbreite.

Allen bisher in dieser Schrift angestellten Wahrscheinlichkeits-Überlegungen liegt der von LAPLACE als *relativer Anteil* in einer Stichprobe definierte Wahrscheinlichkeitsbegriff zugrunde, worauf auch bei der Textierung der amtlich vorgegebenen Maturaaufgaben laufend hingewiesen wird. Dieser „klassischen" Definition kann nunmehr die sogenannte *Limes-Definition* gegenübergestellt werden. Sie ist von Richard von MISES (1883 – 1953) eingeführt worden und definiert im Sinne des Gesetzes der großen Zahlen Wahrscheinlichkeit als Grenzwert relativer Häufigkeiten.

Nun ist es wohl schon für n = 1.000 praktisch unmöglich, entsprechende Versuche in der Praxis durchzuführen, geschweige denn für n = 10.000 oder gar n = 100.000. Wenn also die Wahrscheinlichkeit des Eintretens eines Ereignisses als Grenzwert relativer Häufigkeiten erhoben werden soll, dann sollte das anhand von mehreren Versuchsreihen mit nicht zu großem n und deren Ergebnissen geschehen, aus denen zuletzt das arithmetische Mittel zu ziehen sein wird.

Diese Methode ist schon auf Seite 10 anhand eines Reißnagelwurfes mit den Ausfällen „Spitze oben" oder „Spitze nicht oben" erwähnt worden. Das Ergebnis ist auch von der Beschaffenheit des jeweiligen Reißnagels abhängig, z. B. vom Verhältnis des Durchmessers seines kreisförmigen Kopfes zur Länge der Spitze. In der bereits auf Seite 20 genannten Fischer-Publikation ist ein Beispiel enthalten, wobei ich davon ausgehe, dass dieser Versuch tatsächlich gemacht worden ist. Danach hat ein von 5 Personen je 100-mal durchgeführter Reißnagelwurf folgendes Ergebnis gezeigt: „Spitze oben" hat die Häufigkeiten $H_1 = 55$, $H_2 = 68$, $H_3 = 61$, $H_4 = 66$ und $H_5 = 63$ ergeben, das macht zusammen 313, und $\frac{313}{500} = 0{,}626$. Die Wahrscheinlichkeit für „Spitze oben" wäre demnach ca. 63 % und für „Spitze nicht oben" ca. 37 %. Diese Werte sind als Orientierung für eigene Versuchsreihen gedacht.

Ein weiteres in der Literatur gerne genanntes Objekt für solche Versuche ist der Kronenverschluss einer geöffneten Flasche. Auch dabei wird das Ergebnis davon abhängen, wie stark der Verschluss beim Öffnen der Flasche deformiert worden ist. Bei der Durchführung solcher Versuche bedient man sich am besten eines Wurfbechers, wie er z. B. beim Würfelpoker gang und gäbe ist.

5.3 Konfidenzintervalle

Bei Schätzbereichen wird von der Wahrscheinlichkeit p für das Eintreten eines Ereignisses in einer Grundgesamtheit G auf die Streuung der Häufigkeitswerte in einer zugehörigen Stichprobe S vom Umfang n geschlossen. Man kann den Vorgang aber auch umkehren und dafür gelten wegen des analogen Zusammenhanges im Prinzip dieselben bereits abgeleiteten Formeln: Von einer aus der Stichprobe S als relativem Anteil ermittelten Wahrscheinlichkeit $\bar{p} = \frac{H}{n}$ wird auf die Wahrscheinlichkeit p in einer zugehörigen Grundgesamtheit G geschlossen bzw. die Grenzen $p_1 < p < p_2$ berechnet, zwischen denen p mit hoher Schätz-Genauigkeit γ liegt. Das Intervall zwischen p_1 und p_2 wird dann als *Konfidenzintervall* oder auch als *Vertrauensintervall* bezeichnet.

$$p_1 = \bar{p} - z \cdot \sqrt{\frac{\bar{p} \cdot (1-\bar{p})}{n}} \quad \text{und} \quad p_2 = \bar{p} + z \cdot \sqrt{\frac{\bar{p} \cdot (1-\bar{p})}{n}}$$

Ob es sich (wie auch bei Schätzbereichen) um offene oder geschlossene Intervalle handelt macht in der Sache keinen Unterschied, da die Grenzen immer nur Näherungs- bzw. Prognosewerte darstellen.

Aus den obigen Formeln folgt unmittelbar die Regel: Je kleiner die Stichprobe, also je kleiner das n, und je größer die Genauigkeit γ, umso breiter ist das Konfidenzintervall und umgekehrt. (Denn mit wachsendem γ wächst auch der z-Wert.)

Beispiel 1: Um die Anzahl der Fische in einem Teich zu erheben, werden 70 Fische gefangen, mit einem Band markiert und wieder freigelassen. Einige Tage später werden 100 Fische gefangen, 14 davon sind markiert. Aufgrund dieser Daten soll die Anzahl der Fische in diesem Teich mit einer Genauigkeit von $\gamma = 95\,\%$ erhoben werden.

Als Textaufgabe zum Thema Proportionen wäre aus dem Ansatz 70 : $n = 14 : 100$ der Wert $n = 500$ zu ermitteln. Hier geht es hingegen darum, zuerst für den relativen Anteil $\bar{p} = \frac{14}{100}$ in der Stichprobe die Grenzen eines 95-Prozent-Konfidenzintervalls zu berechnen. $\varepsilon = 1{,}96 \cdot \sqrt{\frac{0{,}14 \cdot 0{,}86}{100}} \approx 0{,}068 \Rightarrow p_1 \approx 0{,}14 - 0{,}068 = 0{,}072$ und $p_2 \approx 0{,}14 + 0{,}068 = 0{,}208$. Das ergibt nach der Proportion 70 : $n_1 = 72 : 1000$ einen Maximalwert von $n_1 = 972$ und nach der Proportion 70 : $n_2 = 208 : 1000$ das Minimum von $n_2 = 337$ Fischen. Diese doch recht aufwändige Methode des Fischezählens ist also nicht sehr aussagekräftig.

Beispiel 2: 400 zufällig ausgewählte Bewohner einer Stadt wurden zu ihrer Meinung bezüglich der Einrichtung einer Fußgängerzone im Stadtzentrum befragt. Dabei sprachen sich 60 % der Befragten für und 40 % gegen diese Maßnahme aus. Als 95-Prozent-Konfidenzintervall für den Anteil der Befürworter der Fußgängerzone erhält man das Intervall [55,2 %; 64,8 %]. Es ist durch Rechnung die Aussage zu bestätigen, dass das Konfidenzintervall etwas breiter ausfallen würde, wenn die Abstimmung gleich viele Befürworter wie Gegner ergeben hätte.

Die beiden Rechnungen unterscheiden sich nur im Zähler des Wurzelausdrucks von $\varepsilon = z \cdot \sqrt{\frac{\bar{p} \cdot (1 - \bar{p})}{n}}$, der $0{,}6 \cdot 0{,}4 = 0{,}24$ bei 60 % : 40 % und $0{,}5 \cdot 0{,}5 = 0{,}25$ bei 50 % : 50 % beträgt. Das ergibt für $z = 1{,}96$ und $n = 400$ im erstgenannten Fall $\varepsilon_1 = 0{,}048$ und bei Gleichstand $\varepsilon_2 = 0{,}049$, also eine Verbreiterung des Konfidenzintervalls um zwei Tausendstel.

Vorschläge zum Selbermachen:

1. Ein Glücksrad wird 500-mal gedreht und zeigt dabei 132-mal den Sektor A an. Wie lauten die Grenzen eines 95-Prozent-Konfidenzintervalls für die generelle Wahrscheinlichkeit eines solchen Ergebnisses? [0,225 < p < 0,303]

2. Bei einer repräsentativen Telefonumfrage mit 400 zufällig ausgewählten Personen erhält man für den relativen Anteil der Befürworter von kürzeren Sommerferien den Wert 20 %. Aufgabenstellung: Zeigen Sie durch eine Rechnung, dass das Intervall [15 %; 25 %] ein symmetrisches 99-Prozent-Konfidenzintervall für den relativen Anteil p der Befürworter in der gesamten Bevölkerung sein kann. [0,1485 < p < 0,2515]

3. Bei einer repräsentativen Umfrage in Österreich geht es um die in Diskussion stehende Abschaffung der 500-Euro-Scheine. Es sprechen sich 234 von 1.000 Befragten für eine Abschaffung aus. Aufgabenstellung: Wie lauten die Grenzen eines symmetrischen 95-Prozent-Konfidenzintervalls für den relativen Anteil der Österreicherinnen und Österreicher, die eine Abschaffung der 500-Euro-Scheine in Österreich befürworten? [20,8 % < p < 26 %]

4. Bei einer repräsentativen Umfrage anlässlich der Wahl eines Staatsoberhauptes geben 215 von 600 Personen an, den Kandidaten A wählen zu wollen. Mit welchem relativen Anteil an Zustimmung in der Gesamtbevölkerung kann der Kandidat dann mit **a)** γ = 90 %, **b)** γ = 95 %, **c)** γ = 99 % Sicherheit rechnen? [**a)** 0,326 < p < 0,39, **b)** 0,32 < p < 0,396, **c)** 0,308 < p < 0,408]

5. Auf der Grundlage einer Zufallsstichprobe der Größe n_1 gibt ein Meinungsforschungsinstitut für den Stimmenanteil einer politischen Partei das Konfidenzintervall [0,23; 0,29] an. Das zugehörige Konfidenzniveau (die zugehörige Sicherheit) beträgt γ_1. Ein anderes Institut befragt n_2 zufällig ausgewählte Wahlberechtigte und gibt als entsprechendes Konfidenzintervall mit dem Konfidenzniveau γ_2 das Intervall [0,24; 0,28] an. Dabei verwenden beide Institute dieselbe Berechnungsmethode. Aufgabenstellung: **a)** Folgt aus $n_1 = n_2$ die Aussage $\gamma_1 < \gamma_2$, $\gamma_1 = \gamma_2$ oder $\gamma_1 > \gamma_2$? **b)** Folgt aus $\gamma_1 = \gamma_2$ die Aussage $n_1 < n_2$, $n_1 = n_2$ oder $n_1 > n_2$? [**a)** $\gamma_1 > \gamma_2$, **b)** $n_1 < n_2$. Siehe dazu die Regel im letzten Absatz von Seite 80.]

5.4 Axiome der Wahrscheinlichkeitsrechnung

Wie jedes Teilgebiet der modernen Mathematik wird auch die Wahrscheinlichkeitstheorie heutzutage mengentheoretisch formuliert und auf axiomatischen Vorgaben aufgebaut. Damit ergibt sich auch ein dritter Zugang zum Wahrscheinlichkeitsbegriff. Die folgenden Ausführungen dazu orientieren sich, vor allem hinsichtlich des Vokabulars, weitgehend an den im Internet-Lexikon Wikipedia aufzufindenden Texten, vor allem deswegen, weil dort zwischen Ergebnissen und Ereignissen strikt unterschieden wird, was in der einschlägigen Literatur nicht durchgehend der Fall ist. Das notwendige Wissen zu den Mengenoperationen (u. a. Durchschnitt, Vereinigung, Differenz) ist in diesem Druckwerk auf den letzten zwei Seiten im Anschluss an die Vorstellung meiner „Algebra" zusammengefasst und teilweise wörtlich daraus entnommen. Allgemeine Bemerkungen zur Axiomatisierung der Mathematik erfolgen im Schlussteil dieses Abschnitts.

Ausgangspunkt der Wahrscheinlichkeitstheorie sind *Ereignisse,* die als Mengen aufgefasst werden, denen *Wahrscheinlichkeiten*, das sind reelle Zahlen zwischen 0 und 1, zugeordnet sind. Diese Definitionen geben keinen Hinweis darauf, wie man die Wahrscheinlichkeiten einzelner Ereignisse ermitteln kann und sie sagen auch nichts darüber aus, was Wahrscheinlichkeit eigentlich ist. Die mathematische Formulierung der Wahrscheinlichkeitstheorie ist somit für verschiedene Interpretationen offen, ihre Ergebnisse sind dennoch exakt und vom jeweiligen Verständnis des Wahrscheinlichkeitsbegriffs unabhängig.

Konzeptionell wird als Grundlage der mathematischen Betrachtung von einem *Zufallsvorgang* ausgegangen, der ebenfalls nicht näher definiert ist. Alle möglichen Ergebnisse dieses Vorgangs fasst man in einer *Ergebnismenge* Ω zusammen. Häufig interessiert man sich jedoch gar nicht für das genaue Ergebnis eines Zufallsvorgangs, sondern nur dafür, ob es in einer bestimmten Teilmenge der Ergebnismenge liegt, was so interpretiert werden kann, dass ein *Ereignis* eingetreten ist oder nicht. Ein Ereignis ist somit als eine Teilmenge von Ω definiert. Enthält das Ereignis genau ein Element der Ergebnismenge, so handelt es sich um ein *Elementarereignis. Zusammengesetzte*

Ereignisse enthalten mehrere Ergebnisse. Das Ergebnis ist also ein Element der Ergebnismenge Ω, das Ereignis jedoch ein Element der Potenzmenge Σ von Ω, das ist die aus allen Teilmengen von Ω gebildete Menge. Diese enthält damit die leere Menge $\emptyset = \{\}$ ebenso wie die Menge Ω selbst und wird als *Ereignisraum* Σ über Ω, allenfalls weiterhin als *Stichprobenraum*, bezeichnet Die leere Menge $\emptyset$ bedeutet *unmögliches Ereignis*, die Menge Ω *sicheres Ereignis*.

Gegenüber der Vereinigung $A \cup B$ bildet die Menge Σ eine Verknüpfungsgebilde, ist also abgeschlossen gegenüber dieser Verknüpfung zweier Mengen. Außerdem enthält Σ mit jeder Menge A auch die Differenzmenge $B = \Omega\backslash A$. Zwei Mengen A und B mit dieser Eigenschaft werden als *Komplementärmengen* (relativ bezüglich Ω) bezeichnet und stellen *Gegenereignisse* dar.

Eine Abbildung P des Ereignisraums Σ auf ein Zahlenintervall [0, 1] heißt *Wahrscheinlichkeitsmaß*, wenn folgende drei von KOMOLGOROV entwickelten Axiome erfüllt sind:

Axiom 1 (*Nichtnegativität*): Für jedes Ereignis $A \in \Sigma$ ist die Wahrscheinlichkeit P(A) eine nichtnegative reelle Zahl: $P(A) \geq 0$.
Axiom 2 (*Normiertheit*): Das sichere Ereignis Ω hat die Wahrscheinlichkeit 1: $P(\Omega) = 1$
Axiom 3 (*Additivität*): Die Wahrscheinlichkeit der Vereinigung zweier Ereignisse A und B ist die Summe der beiden Wahrscheinlichkeiten P(A) und P(B), sofern diese Ereignisse disjunkt sind: $P(A \cup B) = P(A) + P(B)$, falls $A \cap B = \emptyset$.

Es kann gezeigt werden, dass sich auf diesem Axiomensystem eine komplette Wahrscheinlichkeitslehre aufbauen lässt, die eine Schablone für alle konkreten Anwendungen liefert. Drei unmittelbare Folgerungen und drei Beispiele mögen als Beleg dafür dienen.

Folgerung 1: Aus der Additivität (Axiom 3) der Wahrscheinlichkeit disjunkter Ereignisse und der Normiertheit (Axiom 2) folgt, dass zu Gegenereignissen Gegenwahrscheinlichkeiten mit der Summe 1 gehören. Denn es ist $(\Omega\backslash A) \cup A = \Omega$ und $(\Omega\backslash A) \cap A = \emptyset$, daher (nach

Axiom 3) $P(\Omega\backslash A) + P(A) = P(\Omega\}$ und (nach Axiom 2) $P(\Omega\backslash A) + P(A)$ = 1 $\Rightarrow P(\Omega\backslash A) = 1 - P(A)$.

Folgerung 2: Das unmögliche Ereignis hat die Wahrscheinlichkeit 0: $P(\emptyset) = 0$. Denn $\emptyset \cup \Omega = \Omega$ und $\emptyset \cap \Omega = \emptyset$, daher (nach Axiom 3) $P(\emptyset) + P(\Omega) = P(\Omega)$, also $P(\emptyset) + 1 = 1 \Rightarrow P(\emptyset) = 0$.

Folgerung 3: Für die Vereinigung nicht notwendig disjunkter Ereignisse gilt

$$P(A\cup B) = P(A) + P(B) - P(A\cap B)$$

Beweis: Die Menge $A\cup B$ kann als Vereinigung von drei disjunkten Mengen dargestellt werden, nämlich als $(A\backslash B) \cup (B \backslash A) \cup (A\cap B)$, wie die zu Beispiel 5.4.3 gehörige Zeichnung belegt. Daraus folgt (nach Axiom 3) $P(A\cup B) = P(A\backslash B) + P(B \backslash A) + P(A\cap B)$. Gleichzeitig gilt wegen $A = (A\backslash B) \cup (A\cap B)$ und $B = (B \backslash A) \cup (A\cap B)$ für die zugehörigen Wahrscheinlichkeiten $P(A) = P(A\backslash B) + P(A\cap B) \Rightarrow P(A\backslash B) = P(A) - P(A\cap B)$ und $P(B) = P(B\backslash A) + P(A\cap B) \Rightarrow P(B\backslash A) = P(B) - P(A\cap B)$. Damit können in der obigen Gleichung $P(A\cup B) = P(A\backslash B) + P(B \backslash A) + P(A\cap B)$ die Differenzmengen ersetzt werden durch $P(A) - P(A\cap B)$ und $P(B) - P(A\cap B)$, womit der Beweis erbracht ist.

Beispiel 1: Die axiomatische Betrachtungsweise von Wahrscheinlichkeit ist auf den Wurf einer Münze, eines Reißnagels oder eines Kronenverschlusses anzuwenden.

Die beiden möglichen Ausfälle des Zufallsvorgangs sollen mit a und b bezeichnet werden. Dann ist $\Omega = \{a, b\}$ die Ergebnismenge und der Ereignisraum Σ enthält das unmöglichen Ereignis $\emptyset$, die beiden Elementarereignisse $\{a\}$ und $\{b\}$ sowie das sichere Ereignis Ω. Die zugehörigen Wahrscheinlichkeiten sind $P(\emptyset) = 0$ dafür, dass weder a noch b eintritt, $P(\Omega) = 1$ dafür, dass a oder b eintritt, sowie $P(\{a\}) = p$ dafür, dass a eintritt, und $P(\{b\}) = 1 - p$ dafür, dass b eintritt. Nur für eine „faire" Münze gilt $p = 0,5$, während für den Reißnagel und den Kronenverschluss die nach der Limes-Definition zu bestimmenden Wahrscheinlichkeiten zum Tragen kommen.

Beispiel 2: Einer Ergebnismenge $\Omega = \{r, s, w\}$ sind alle Elemente des zugehörigen Ereignisraums Σ zuzuordnen und dieser auf die Zufallsvorgänge „Ziehen aus einer Urne mit roten, schwarzen und weißen Kugeln" sowie „Drehen eines Glücksrades mit einem roten, einem schwarzen und einen weißen Sektor" anzuwenden.

Neben $\Omega = \{r, s, w\}$ und $\emptyset = \{\}$ enthält der Ereignisraum Σ die drei Elementarereignisse $\{r\}$, $\{s\}$ und $\{w\}$ sowie die zusammengesetzten Ereignisse $\{r, s\}$, $\{r, w\}$ und $\{s, w\}$. Sie stehen dafür, dass eine von zwei entsprechend gefärbten Kugeln gezogen wird bzw. dass das Glücksrad bei einem von zwei entsprechend markierten Sektoren zum Stehen kommt. Ihre Wahrscheinlichkeit ist nach Axiom 3 die Summe von zwei der drei Wahrscheinlichkeiten $P(\{r\})$, $P(\{s\})$ und $P(\{w\})$; diese Wahrscheinlichkeiten ergeben sich nach der Anteils-Definition aus dem Verhältnis der Anzahl von roten, schwarzen und weißen Kugeln in der Urne bzw. aus dem Verhältnis der Zentriwinkel der drei Sektoren des Glücksrads zueinander. Das sichere Ereignis Ω mit $P(\Omega)$ = 1 bedarf keiner Interpretation, das unmögliche Ereignis $\emptyset$ mit $P(\emptyset)$ = 0 kann als jener Fall interpretiert werden, dass die gezogene Kugel keine der drei Farben aufweist bzw., etwas näher der Realität, dass das Glücksrad genau zwischen zwei Sektoren stehen bleibt.

Beispiel 3: Eine Wurfmaschine wirft per Zufall Dartpfeile auf eine Fläche Ω, zum Beispiel auf eine rechteckige Holzplatte mit dem Flächeninhalt $F(\Omega)$. Jeder Wurf hat ein Ergebnis, nämlich das Loch, welches die Dartspitze in der Holzplatte erzeugt.

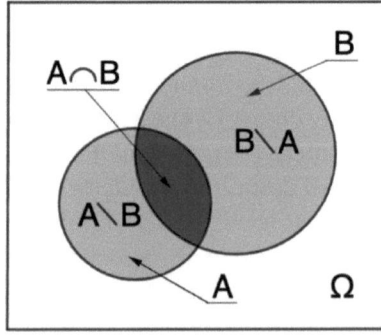

Das ist erst im Zusammenhang damit, als sich das Loch in irgendeiner Teilfläche A, B, … von Ω mit dem Flächeninhalt F(A), F(B) usw. befindet, ein Ereignis. Jedem solchen Ereignis kann als Wahrscheinlichkeit P(A), P(B), usw. der Quotient $\frac{F(A)}{F(\Omega)}, \frac{F(B)}{F(\Omega)}$, usw. zugeordnet werden.

Dieses Modell verdeutlicht den axiomatischen Zugang zur Wahrscheinlichkeitsrechnung und insbesondere die Wahrscheinlichkeit $P(\Omega) = 1$ für das sichere Ereignis, nämlich dass der Dartpfeil auf der Holzplatte landet, was vorausgesetzt werden kann. Insbesondere bestätigt das Beispiel die auf Seite 85 genannte Folgerung 3, indem diese auf die Tatsache hinausläuft, dass $F(A\cup B) = F(A) + F(B) - F(A\cap B)$ gilt. $P(\emptyset) = 0$ kann als jener Fall angesehen werden, bei dem der Pfeil im „Niemandsland" zwischen zwei Komplementärmengen landet, also z. B. weder zu der in der Zeichnung dargestellten Menge $A\cup B$ noch zu deren Komplementärmenge $\Omega \setminus (A\cup B)$ gehört. Als Punkt hat das von der Pfeilspitze verursachte Loch ja den Flächeninhalt 0. Weniger elegant für $P(\emptyset) = 0$ ist die Interpretation, dass der Dartpfeil die Holzplatte verfehlt.

*****

Zuletzt noch ein paar Sätze zur Axiomatisierung der Mathematik und zu *Axiomensystemen* an sich. Deren *Axiome*, in der älteren Literatur auch *Postulate* genannt, sind grundlegende Aussagen, die nicht den Anspruch erheben, „wahr" zu sein, weil sie ohne Beweis angenommen und daraus alle Theoreme (= Lehrsätze) einer wissenschaftlichen Theorie nach den Regeln der formalen Logik abgeleitet werden.

Noch zu meiner Studienzeit in den 1960er-Jahren war an der Wiener Universität das vom deutschen Mathematiker David HILBERT (1862 – 1943) entwickelte Programm gänzlich unbestritten, das eine durchgehende Axiomatisierung aller Teilgebiete der Mathematik zum Inhalt hatte. Die grundlegenden Axiomensysteme hätten nur vollständig zu sein, um darüber das ganze Lehrgebäude errichten zu können, sowie widerspruchsfrei, also gegensätzliche Folgerungen nicht zulassend. Die Unabhängigkeit des Systems, also die Vermeidung überflüssiger Axiome, als dritte Forderung sei zwar wünschenswert, aber nicht notwendig.

Das HILBERTsche Konzept hatte allerdings schon 1931 durch eine Arbeit des 1906 in Brünn geborenen, ab 1924 in Wien lebenden und 1940 in die USA emigrierten Altösterreichers Kurt GÖDEL mit dessen vielzitiertem Unvollständigkeitssatz eine Delle erlitten, ähnlich wie das durch die Unschärferelation von Werner HEISENBERG

(1901 – 1976) bei den Naturwissenschaften der Fall war. Diese Delle schmälert den Wert von Axiomensystemen als abstrakter und von konkreter Dinghaftigkeit losgelöster Grundlage allen Mathematisierens hingegen nicht. Der englische Mathematiker Sir Bertrand RUSSELL (1872-1970) hat dieses neue Verständnis überhaupt als größten Triumph der Mathematik bezeichnet, nämlich erkannt zu haben, „was Mathematik wirklich ist".

Diese neue Sicht- und Arbeitsweise, welche die klassischen Inhalte und Methoden aber keineswegs verdrängt, ja mit wenigen Ausnahmen nicht einmal relativiert hat, ist allerdings vielfach in einer Art und Weise kommentiert worden, die nicht nur den mathematischen Laien in Erstaunen versetzt. So ist etwa von Albert EINSTEIN (1879 – 1955), zusammen mit Kurt GÖDEL, der angeblich dort sein liebster Gesprächspartner war, Vorzeige-Professor an der Elite-Universität in Princeton, USA, das folgende Zitat überliefert:

„Insofern sich die Sätze der Mathematik auf die Wirklichkeit beziehen, sind sie nicht sicher, und insofern sie sicher sind, beziehen sie sich nicht auf die Wirklichkeit."

Und von dem bereits genannten Sir Bertrand RUSSELL, nach alter Tradition Philosoph und Mathematiker zugleich, stammen die Worte:

„So kann also die Mathematik definiert werden als diejenige Wissenschaft, in der wir niemals das kennen, worüber wir sprechen, und niemals wissen, ob das, was wir sagen, wahr ist."

Sachregister

Das Register enthält alle im Text durch Kursivschrift ausgezeichneten Fachausdrücke und die Seite, wo sie erklärt werden.

Literaturverzeichnis

Bei der Abfassung dieses Lehrgangs hat der Autor auf folgende Fachbücher, Lexika, Unterrichtswerke und Internet-Informationen zugegriffen:

BÜRGER, H., FISCHER, R., MALLE, G.: Mathematik Oberstufe 4, Arbeitsbuch mit Lösungen für die 8. Klasse der AHS, Hölder-Pichler-Tempsky, Wien 1981.

BRAUNER, G., GEISS, F.: Das Abitur-Wissen Mathematik, Fischer Taschenbuch Verlag, Frankfurt 1983 (9. Auflage).

HASIBEDER, G., KARIGL, G., KRONER, W., TIMISCHL, W.: Grundkurs Statistik, Prugg Verlag, Eisenstadt 1986.

REICHEL, H. C., HANISCH, G., MÜLLER, R.: Wahrscheinlichkeitsrechnung und Statistik, Hölder-Pichler-Tempsky, Wien 1989.

GÖTZ, S., REICHEL, H. C., MÜLLER, R., HANISCH, G.: Lehrbuch der Mathematik, 8. Klasse. öbv&hpt, Wien 2004.

DER GROSSE BROCKHAUS in 12 Bänden, Wiesbaden.

WIKIPEDIA, freie Online-Enzyklopädie.

Alle Maturaaufgaben samt den zugehörigen Anforderungsprofilen sind dem Netz unter www.mathago.at/zentralmatura entnommen.

Der Autor

Der 1941 in Wien geborene Autor studierte ab 1959 ebendort Mathematik und Darstellende Geometrie für das Lehramt an Höheren Schulen. Die Abschlussprüfungen legte er bei den Professoren Edmund HLAWKA (1916 – 2009) und Walter WUNDERLICH (1910 – 1998) ab. Zwischen 1968 und 2002 unterrichtete er an mehreren Höheren Schulen in Steyr/OÖ, von 1984 bis 2002 war er der Direktor des BRG Steyr-Michaelerplatz.

Für ein in den 1980er-Jahren bei Hölder-Pichler-Tempsky verlegtes Lehrbuch der Darstellenden Geometrie war er als federführender Autor tätig. Im beruflichen Ruhestand hat er seine Autorentätigkeit über sein Fachgebiet hinaus auf geschichtliche und bildungspolitische Themen sowie auf die Bergsteigerei ausgedehnt.

Alle in Buchform veröffentlichten Arbeiten mathematischen Inhalts werden auf den nachfolgenden Seiten vorgestellt. Weitere bei verschiedenen Verlagen erschienene Bücher haben folgende Titel:

NATIONAL und LIBERAL, Die Geschichte der Dritten Kraft in Österreich. 432 Seiten, Edition Genius, Wien 2006, zu bestellen unter verein@genius.co.at.

SCHULE zwischen ANSPRUCH und ZEITGEIST, Fünfzig Jahre Bildungsbaustelle Österreich. 248 Seiten A5. Der Berliner Verlag, bei dem das Buch 2012 erschienen ist, existiert nicht mehr. Restexemplare können beim Autor unter dgm@a1.net zum Preis von € 15,-- plus Versandkosten bestellt werden.

SEMPER et UBIQUE, Unvergängliches und allgegenwärtiges Latein. 96 Seiten A5. BoD - Books on Demand, Norderstedt 2014, ISBN 978-3-7357-4278-0.

WANDERN und BERGSTEIGEN für SENIOREN. 196 Seiten. Zwiebelzwerg-Verlag, Willebadessen 2014, ISBN 978-3-86806-529-9.

AUS MEINEM TOURENBUCH, fünfteilige Serie, 2020 bei BoD – Books on Demand, Norderstedt verlegt. Jeder Band umfasst 92 bis 108 Seiten A5 und enthält rund drei Dutzend mit über 100 Farbfotos illustrierte Unternehmungen: Zentralalpen I, II (von den Walliser Alpen bis zur Tauernregion), Nordalpen I, II (von Bayern bis Ostösterreich), Südalpen (von den Dolomiten bis zu den Julischen Alpen). Näheres dazu findet sich auf der Website www.grillmayer-dieter.at.

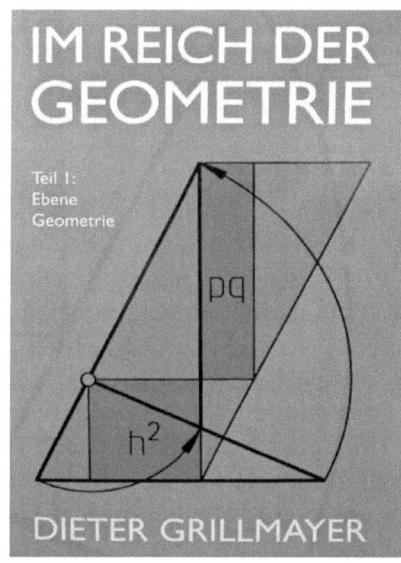
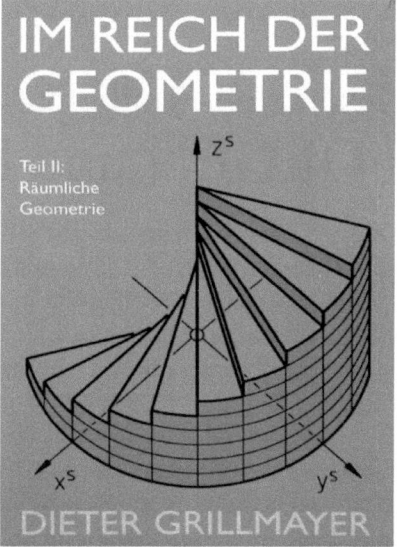

Das Buch „Im Reich der Geometrie" (Teil I: Ebene Geometrie, Teil II: Räumliche Geometrie) wurde aus Freude an Geometrie für Freunde der Geometrie geschrieben, insbesondere für solche, die verschüttetes Wissen und Können wieder ausgraben wollen. Es enthält in kompakter Form einen sowohl hinsichtlich rechnerischer, insbesondere algebraischer, als auch konstruktiver Geometrie durchkomponierten Lehrgang, dessen Abfolge den schulischen Geometrieunterricht nachvollzieht, in beiden Teilen aber über das Reifeprüfungsniveau hinausführt.

Auf Grund der zahlreichen Anregungen zum „Weiterdenken" könnte das Buch auch mithelfen, entsprechend begabte Schülerinnen und Schüler für eine erfolgreiche Teilnahme an Mathematik-Wettbewerben fit zu machen und bei der Abfassung vorwissenschaftlicher Arbeiten in Mathematik oder Darstellender Geometrie zu unterstützen.

Die beiden Bände sind in den Jahren 2009 und 2010 entstanden und gehören seither zum festen Verlagsprogramm der Books on Demand GmbH, Norderstedt.

Teil I: ISBN 978-3-8370-2335-0, 196 Seiten, Großformat, € 19,80
Teil II: ISBN 978-3-8391-5593-6, 212 Seiten, Großformat, € 19,80

Schätze der Mathematik:
FOLGEN und REIHEN

Dieser Lehrgang baut auf der Pflichtschul-Mathematik auf und führt den für die Höhere Mathematik grundlegenden Grenzwertbegriff ebenso exakt wie anschaulich ein. Weiters erlaubt dieses Thema, auf viele Schätze der Mathematik, wie sie (u. a.) von Archimedes, Euklid, Fibonacci, Pascal, Euler, Gauß und Cantor gehoben worden sind, einzugehen. Bei aller fachlichen Wissensvermittlung steht das Bemühen im Vordergrund, das wesentlichste Bildungsziel der Mathematik an Gymnasien zu fördern, nämlich logisch, strukturiert, ganzheitlich, vernetzt und nachhaltig denken zu lernen und diese Fähigkeit in allen Lebenslagen anwenden zu können.

ISBN 9783738656923, 100 Seiten, A5-Format, 2. Aufl. 2015, € 6,--

Früchte der Mathematik:
KARTOGRAPHIE

Das Thema der Kartographie sind die vielfältigen Methoden, welche zur Abbildung der runden Erde auf eine Ebene im Verlauf von gut zwei Jahrtausenden entwickelt worden sind. Dabei handelt es sich im Wesentlichen um angewandte Mathematik auf gediegenem Reifeprüfungsniveau. Mit dieser Publikation verfolgt der Autor die Absicht, das Thema so kompakt und verständlich wie möglich, aber auch so präzise wie möglich darzustellen. Vor allem aber versteht er dieses Sachbuch als Beitrag zu einer fundierten Allgemeinbildung und hofft auf eine daran interessierte Leserschaft. Diesem Ziel dient nicht zuletzt das Eingehen auf historische Daten und Abläufe sowie auf die großartigen Leistungen europäischer Geistesgrößen im nämlichen Zusammenhang. Schließlich haben diese die abendländische Kulturlandschaft ganz maßgeblich mitgestaltet.

ISBN 9783748144595, 100 Seiten, A5-Format, 2. Aufl. 2019, € 6,--

ALGEBRA
Strukturtheorie und Gleichungslehre

Das klassische Lehrziel der Algebra kommt in den gängigen Inhaltsangaben „Buchstabenrechnen" und „Gleichungslehre" recht treffend zum Ausdruck, hat aber durch den Mengenbegriff und die Strukturtheorie eine erhebliche Aufwertung erfahren. In dieser Arbeit hat der Autor versucht, das Reifeprüfungswissen auf diesem Gebiet unter Berücksichtigung der in vier Jahrzehnten gesammelten Unterrichtserfahrung in kompakter Form darzustellen. Zu den Rechentechniken, die schon immer gegolten haben, ist lediglich eine Erweiterung des Blickwinkels samt Adaptierung der Fachsprache hinzugetreten, welche im Bereich der wissenschaftlichen Mathematik bereits im 19. Jahrhundert eingesetzt hat und damit keineswegs mehr als „neu" bezeichnet werden kann.

ISBN 9783753499895, 128 Seiten, A5-Format, 1. Aufl. 2021, € 7,--

Der folgende Text ist teilweise wörtlich dem Abschnitt 1.1 „Mengenbegriffe und Mengensymbole" der oben genannten ALGEBRA entnommen, weil er ein Wissen enthält, welches als Voraussetzung für das Verständnis von Inhalten dieses Kompendiums, insbesondere seines Schlusskapitels, unabdingbar ist.

1.11 Mengen und ihre Darstellung

Eine *Menge* im mathematischen Sinn ist eine Zusammenfassung voneinander unterscheidbarer Dinge. Diese werden *Elemente* der Menge genannt und in der Regel durch Kleinbuchstaben symbolisiert, die Mengen selbst durch Großbuchstaben.

Im *aufzählenden Verfahren* lässt sich eine aus nur endlich vielen Elementen bestehende *endliche Menge* (zumindest grundsätzlich) durch ihre zwischen Mengenklammern gesetzten Elemente vollständig darstellen: $M = \{a, b, c\}$. Auf die Reihenfolge kommt es dabei nicht an. Die Symbole $\in$ und $\notin$ dienen der Feststellung, ob ein Element einer Menge angehört oder nicht: $a \in M$, $b \in M$, $c \in M$, $d \notin M$.

Im *beschreibenden Verfahren* lassen sich auch *unendliche Mengen* symbolisch darstellen, zum Beispiel die Menge der rationalen Zahlen $\mathbf{Q} = \{\frac{z}{n} / (z \in \mathbf{Z}) \land (n \in \mathbf{N})\}$, gesprochen „Menge aller z durch n, für die gilt: z ist ein Element von $\mathbf{Z}$ und n ist ein Element von $\mathbf{N}$". Dabei ist $\mathbf{N}$ die Menge der natürlichen und $\mathbf{Z}$ die Menge der ganzen Zahlen.

1.12 Mengenbeziehungen und Mengenoperationen

Neben der Teilmengenbeziehung sind mehrere *Mengenoperationen* in Gebrauch, die hier einschließlich der dazugehörigen Symbole aufgelistet werden:

$A \subseteq B \Leftrightarrow B \supseteq A$: A ist eine *Teilmenge* von B bzw. B ist eine *Obermenge* von A, wenn B alle Elemente von A, aber möglicherweise auch noch weitere Elemente enthält. In letzterem Fall handelt es sich um *echte Teil-* bzw. *Obermengen*, was durch die Symbole $\subset$ bzw. $\supset$ angezeigt werden kann.

$A \cap B = C$, sprich „A durchschnitten mit B": Die *Durchschnittsmenge* C enthält alle Elemente, die in A <u>und</u> in B vorkommen ($\Rightarrow C \subseteq A$ und $C \subseteq B$).

$A \cup B = C$, sprich „A vereinigt mit B": Die *Vereinigungsmenge* C enthält alle Elemente, die in A <u>oder</u> in B (oder in A <u>und</u> in B) vorkommen ($\Rightarrow A \subseteq C$ und $B \subseteq C$).

$A \setminus B = C$, sprich „A ohne B": Die *Differenzmenge* C enthält alle Elemente von A, die nicht in B vorkommen ($C \subseteq A$ und $B \not\subset C$).

$A \times B = C$, sprich „A kreuz B": Die *Produktmenge* C enthält alle geordneten Paare, deren erstes Element der Menge A und deren zweites Element der Menge B angehört. (Analog ist $A \times B \times C$ die Menge aller geordneten Tripel, usw.)

Schließlich versteht man unter der *Potenzmenge* Pot(A) einer Menge A die Menge aller Teilmengen von A einschließlich der leeren Menge $\emptyset = \{\}$ und der Menge A selbst.